U0258562

如何品尝一杯咖啡

HOW TO TASTE COFFEE

DEVELOP YOUR SENSORY SKILLS AND GET THE MOST OUT OF EVERY CUP

[美] 杰茜卡·伊斯托 — 著
JESSICA EASTO

李粤梅 — 译

中信出版集团 | 北京

图书在版编目（CIP）数据

如何品尝一杯咖啡 /（美）杰茜卡·伊斯托著；李
粤梅译 . -- 北京：中信出版社，2025. 1.（2025.3重印）
-- ISBN 978-7-5217-6816-9

Ⅰ．TS273

中国国家版本馆 CIP 数据核字第 20247TK447 号

HOW TO TASTE COFFEE: Develop Your Sensory Skills and Get the Most Out of Every Cup
by Jessica Easto
Copyright© 2023 by Jessica Easto
Published by arrangement with Agate B2, an imprint of Agate Publishing, Inc.
c/o Nordlyset Literary Agency
through Bardon-Chinese Media Agency
Simplified Chinese translation copyright© 2024 by CITIC Press Corporation
ALL RIGHTS RESERVED 本书仅限中国大陆地区发行销售

如何品尝一杯咖啡
著者： ［美］杰茜卡·伊斯托
译者： 李粤梅
出版发行：中信出版集团股份有限公司
　　　　（北京市朝阳区东三环北路 27 号嘉铭中心　邮编　100020）
承印者： 北京盛通印刷股份有限公司

开本：880mm×1230mm 1/32　印张：6.5　字数：130 千字
版次：2025 年 1 月第 1 版　印次：2025 年 3 月第 2 次印刷
京权图字：01-2024-3900　书号：ISBN 978-7-5217-6816-9
定价：78.00 元

版权所有·侵权必究
如有印刷、装订问题，本公司负责调换。
服务热线：400-600-8099
投稿邮箱：author@citicpub.com

目录

味觉练习

引言

我们为什么喜欢喝咖啡？毫无疑问，它是一种温和的兴奋剂。几个世纪以来，它激发了伟大思想家们的思想，推动了人类辛勤工作和创新，促进了思想和文化交流，在全球无数的初次约会中扮演了"最佳助攻"的角色。咖啡独特而复杂的味道也为我们的感官奏起了交响乐，给予我们惊喜、回忆和品味的时刻。

现代种植、处理和烘焙技术，通常更注重突出咖啡豆本身的特质，展现咖啡豆各种各样的风采，为咖啡爱好者提供一个可探索和品尝多层次风味的世界。也许你和我一样，经历了从餐厅咖啡（第一波咖啡浪潮）到大型咖啡连锁店（第二波咖啡浪潮），再到我称之为手工咖啡（第三波、第四波，谁知道后面还有什么呢）的小型独立咖啡馆（仍是精品咖啡）的发展，在这个过程中，你慢慢在咖啡杯里喝到令人愉悦的水果味、坚果味或可可的味道。

观鸟者经常谈论他们的"梦中情鸟"，正是这种鸟燃起了他们观鸟的兴趣。咖啡爱好者往往也有类似经历，一次惊艳的冲煮，如果可以这样描述的话，让我们眼前一亮，让我们知道咖啡的味道可以超越咖啡本身，令我们产生与以往喝的每一杯都截然不同的独特体验。也许这杯咖啡的口感非常均衡，没有典型的苦味。也许这是一杯风味非常复杂的咖啡，随着其冷却，像喝了三杯不同的咖啡，但都很美味。也许这是一杯蓝莓风味非常明显的日晒埃塞俄比亚。这咖啡里加什么添加剂了吗？没有。那是一个令人兴奋的时刻，于是你现在在每一杯咖啡中寻找惊艳。

马里奥·罗伯托·费尔南德斯－阿尔杜恩达（Mario Roberto Fernández-Alduenda）和彼得·朱利亚诺（Peter Giuliano）在其合作撰写的《咖啡感官与杯测手册》（*Coffee Sensory and Cupping Handbook*）的序言中写道："精品咖啡产业是建立在'风味'理念上的，这一说法毫不夸张。"[1] 精品咖啡与商品咖啡的区别在于特质，风味就是特质。在过去的几十年里，精品咖啡行业一直致力于帮助生产商培育和销售风味独特的咖啡，同时也制定和标准化了评估咖啡特质的规则，培养专业人员鉴别和阐述风味。近年来，该行业与感官科学研究者合作，为这一不断完善的知识、数据和指南体系引入了科学的严谨性。正如费尔南德斯－阿尔杜恩达和朱利亚诺所说，他们的目标是降低以人作为评估工具所带来的偏差和误差，"让人类感官有效地评估产品带来的感知体验"[2]。换句话说，该行业正在系统化人们喝咖啡时的奇妙体验，并用科学方法加以证实。

这本手册由精品咖啡协会（SCA）于 2021 年出版，是合作的产物，其他精品咖啡行业的标准资料，如《世界咖啡研究感官词典》和《咖啡风味轮》，也是合作的成果。这两份资料都是围绕感官属性——我们用来描述品尝咖啡感觉的词汇——展开的。用一个消费者更熟悉的词，即"风味描述"。

啊，风味描述。巧克力、核桃、草莓……我相信你在常去的精品咖啡店和购买的咖啡包装袋上，一定看到过这些字眼。人们希望通过这些词描述出我们品尝高质量咖啡时追寻的让人印象深刻的风味体验，并以此来帮助我们做购买选择。话虽如此，但我可以肯定，作为咖啡爱好者的你，经常被风味描述误导，为此感到失望，甚至感觉被欺骗了。也许你已经完全放弃它们了。又或许在了解到咖啡的变化无常后，你从一开始就对风味描述不屑一顾。

许多人在看到"烤棉花糖"这个词时觉得很棒，但在咖啡里却喝不到一点棉花糖的味道。也许你的第一反应是怪自己。你不是第一个有这种想法的人。你认为自己的味觉不够灵敏，或者是咖啡师冲煮得不够好。你是否曾经因没有喝到风味描述中的味道而影响了喝咖啡的体验？我们是否注定在追求风味的过程中无法拥有可靠的指引？如果所有这些研究都是为了将高品质咖啡体验系统化，那为什么体现到咖啡豆包装上会如此之难呢？

我相信，"我们现在遇到的是沟通失败"*。是的，业界已经付出了巨大的努力来了解咖啡感官学，并培训专业人员来评估和鉴

---

* 是的，我在引用斯图尔特·罗森伯格 1967 年的电影《铁窗喋血》中的话。——作者注（本书如无特别标示，文下注释均为作者注）

别高品质的咖啡。《咖啡感官与杯测手册》的主要目的是帮助感官科学家和专业咖啡品鉴师进行有效的沟通。《世界咖啡研究感官词典》列出了感官参照物和词条，规范了专业咖啡品鉴师的行业语言。我不太确定这些信息是否能传递给我们这些喜欢购买高品质咖啡的消费者，是否能尽量地帮助我们购买和品鉴咖啡。因为很多时候，我们只是得到一些风味描述、感官科学碎片化表达和缺乏背景资料的信息。

我希望有更多的业内人士能够使用感官词汇和风味轮与消费者沟通，并加以引导，这样能提高我们对咖啡的鉴赏力，让我们探索咖啡的多样性，并能帮助我们做出购买决策。实际上，目前业界还没有一个统一、普遍的标准化方式来与消费者沟通和引导消费者。据我观察，造成这种情况的原因可能有以下几点。

首先，尽管科学家、生产商、生豆采购商、质量评估员和烘焙商似乎都在广泛使用上述工具，但许多咖啡师，也就是消费者眼中的手工咖啡的门面（代言人），并没有接受过感官培训，甚至没有接受过对客服务培训，因此他们并不了解那些标准化语言。和许多餐饮业的从业者一样，美国咖啡师的工资一般不高，工作福利也一般，因此这种情况是可以理解的。

其次，即使是一些烘焙师和员工训练有素的咖啡店，也不使用标准化语言。有些地方甚至发展出一套自己的语言，还有些地方使用富有诗意、主观的表达方式。在我这个研究过语言并写过不少营销文案的人看来，这些都不是建立在消费者研究或行业标准营销策略的基础上产生的。换句话说，这些都不能起到风味是一种经验性的感受。

如果我们没有相同的经验和相同的语言，

我们是无法就咖啡进行有效交流的。

引导或吸引消费者的作用。这也不奇怪，手工咖啡世界是由一个个小型独立咖啡店组成的庞大网络，这些小店既没有时间也没有资源聘请专业营销人员。

这就导致了不一致的、主观的风味语言，从消费者角度来看，往好处说是没有任何帮助，而往坏处说是主动造成混淆。如果我们都在使用不同的语言，而且对这些语言的含义没有共识，那么我们根本无法进行有效沟通。正因如此，SCA 与科学家合作创立了一种标准化的咖啡语言，其中包括与具体元素（你品尝和闻到的东西）相关的词条。风味是一种经验性的感受。如果我们没有相同的经验（具体元素）和相同的语言（词条），我们是无法就咖啡进行有效交流的。

我并不是说没有人能够有效地与消费者沟通。有些组织和个人正在做这方面的工作，一些研究人员也专注于此。但是就咖啡风味而言，我们消费者尚未形成广泛的共识。我们不了解咖啡风味是如何产生的，也不知道该如何谈论它。据我所知，SCA 并没有提供市场资源来帮助咖啡店改进对客用语，也没有太多的资源提供给感兴趣的咖啡消费者去自学。

简而言之，这就是我写这本书的原因。我坚信，扎实的知

我的任务是将知识汇总，
并将咖啡师专业术语翻译成日常语言，
使得更多人能更轻松地接触精品咖啡。

识基础会点燃欣赏和享受事物的热情，尤其是涉及咖啡时。当你了解到手中这杯咖啡投入了多少人力和物力时，咖啡会变得神奇。当你了解咖啡萃取的基本科学原理时，美味的咖啡就开始变得不可思议和稀有。就像任何兴趣爱好一样，学习一门学问需要付出努力。对于想深入了解的人，我的第一本书《手工咖啡》可帮助你开启居家咖啡制作之旅。除了介绍萃取和冲煮的方法，还有咖啡风味的基本概述，但篇幅不多，因为"你不需要知道为什么喜欢，你只需要享受就好了"。

这句话依然是事实。但最近，我开始将咖啡风味视为一个新的领域，也许有些人会想要一张"路线图"。也许你想知道自己为什么喜欢或不喜欢这杯咖啡，以及如何更主动和有意识地去品尝咖啡。也许你想知道风味从何而来，又或者为什么总是风味不足。也许你想了解一下咖啡风味背后的科学知识。也许你想培养自己的味觉，并在这个过程中找到乐趣。也许你想掌握感官属性词条，这样你就可以更好地和别人交流。

和我的第一本书一样，我的任务是将知识汇总，并将咖啡师专业术语翻译成日常语言，使得更多人能更轻松地接触精品咖啡。尽管专业人士想直接与我们交流，但语言依然是咖啡消费者和专业人士之间的鸿沟。如果你接触精品咖啡有一段时间了，你就会知道咖啡豆包装和咖啡馆菜单上经常充斥着各种术语，这些术语是为了预设我们对咖啡的期待，告诉我们将获得怎样的体验。感觉你需要一本字典才能开始点单："埃塞俄比亚、水洗、V60"，"瑰夏、巴拿马、滴滤"，"圣菲、哥伦比亚、水洗、Chemex*"。

一般来说，提供有关咖啡豆品种、原产地和处理法的信息是咖啡品质高的象征，因为这些信息就像在说："我是一个关心咖啡豆种植和处理法的烘焙师，我对你开诚布公。"这很重要。但归根结底我们想要的是品尝一杯美味的咖啡，并希望能和其他人讨论。我们可以从原产地、处理法等词汇中收集到一些关于风味的信息，但这些东西很复杂，似乎没有统一性，也没有什么硬性规定，还有很多未知领域有待探索。我们该何去何从？所以许多人只能从那些该死的"风味描述"获得线索。毕竟，风味描述本来就是为了告诉我们咖啡的味道。

我想通过这本书，弥合专业咖啡人士和咖啡爱好者之间的语言和知识差距。书中解释了感觉系统背后的科学，提供了有关咖啡感官科学的现状和未来的知识，并教你如何通过练习培养自己的味觉，帮助自己：（1）获得感官体验，（2）使用行业术语来描述它们。在此过程中，它揭开了"风味描述"的神秘面纱，为

---

* Chemex 是一种手冲咖啡壶的名称，又名美式滤泡壶。外形多为沙漏形。——编者注

你提供一个导航工具，帮助你探索新咖啡，并找到你喜欢的咖啡。书中还花了大量篇幅介绍风味的奥秘。我希望书中提供的信息和见解能激励你广泛地尝试，有意识地品鉴，多一些欣赏，多一些好奇心。

作为本书研究工作的一部分，我参加了精品咖啡协会的感官峰会和咖啡感官课程。但我必须声明一点：我既不是科学家，也不是专业的咖啡品鉴师，这本书不会教你如何成为专业的咖啡品鉴师。你很快就会发现，专业品鉴师的目标非常明确——参与咖啡生豆买卖、产品开发、质控和科学研究。在这里，我们的目标截然不同。我们的目标是享受咖啡。当然，这本书确实依赖于行业工具，例如《世界咖啡研究感官词典》和《咖啡风味轮》，并且其中的一些练习和专业感官课程中的内容相同或相似。

这本书是你进入咖啡感官体验和味觉培养之路的引路人。准备好迎接一场不同寻常、曲折美妙的旅程吧。

阅读之前

我想说一下写这本书的原因。总的来说，你可以从菜单上选出不会踩雷的精酿啤酒或葡萄酒，但在选择精品咖啡时却很难做到。如果你喜欢美食美酒，你会知道自己是喜欢红葡萄酒还是白葡萄酒，干的还是甜的。你还会知道，IPA（India Pale Ale，一种精酿啤酒）一般都带有啤酒花的苦味，你知道自己是否喜欢这种苦味。换句话说，我们对一些特定的术语和它们的含义都有一定程度的了解，而且在任何场合我们都可以使用这些术语来达到我们的意图。

但许多朋友和读者告诉我，当他们在选择咖啡的时候，经常不知道会喝到什么。当他们根据风味描述（或其他属性）选择时，很难保证结果符合预期。因此，有些人就干脆找到自己喜欢的配方豆，然后一直购买。另外一些人则会"好吧，好吧"，乐呵呵地听天由命。

我着手写这本书是想明确地解决这个问题。我想给读者提供他们在看菜单点咖啡时所需的工具，相信自己的选择，就像我们确定自己更喜欢比利时风格啤酒而不是 IPA 一样。我的研究让我感到谦卑。虽然我知道这本书会帮助你成为一个更好的咖啡品鉴者，学会如何更好地与别人交流你的品鉴经验，并加深你对这种苦涩饮料的欣赏，但我认为我或任何人都不可能单枪匹马地解决这个"问题"。事实证明，咖啡感官科学是一个极其复杂和不断发展的领域，选择一袋咖啡可能比选择一杯葡萄酒或啤酒更难。原因有很多。咖啡风味并不那么简单，了解其中的原理能让你更好地理解为什么。

首先，无法否认的是咖啡中的大部分（虽然不是全部！）风味都很细微。它们很少像橡木桶霞多丽干白的木头味或比利时风格啤酒的香蕉味那样让你眼前一亮。你可能不费吹灰之力就能辨别出咖啡中的一些味道，尤其是那些你很熟悉的味道。但是要成为一个有思考能力的品鉴者，需要练习。这是需要培养的技能。幸运的是，任何人都可以成为一个更好的品鉴者，本书中的练习和建议将帮助你做到这一点。

不过，咖啡与葡萄酒或啤酒之间存在很大的差异，这让问题变得更加复杂：咖啡必须现泡。它的组成部分只有两个：咖啡和水。这两者都非常多变。基本上，任何东西都会影响咖啡的口感，从咖啡的种植地、处理过程、烘焙方式、养豆时间到冲煮方式。咖啡店菜单和咖啡包装袋上的风味介绍所描述的内容只发生在一个时间点。做出这些介绍的人品尝的是用特定方法、特定时间、特定的水冲煮出来的咖啡。即使有办法控制其他因素，要控制水的影响也是不切实际的。不同地区的水质不同，矿物质浓度也不同，这些都会影响咖啡的萃取，进而影响口感。换句话说，咖啡的味道是不断变化的，要给一个不断发生微妙变化的东西贴上标签是非常困难的。

还有一点需要记住的是，本书所探索的多样化咖啡风味是一个较新的领域，并不是所有人都能轻易地在实体店品尝到这种咖啡。大多数人喝第一杯黑咖啡时，并不会觉得"哇，太好喝了！"。部分原因是许多人在起初喝到的都是低品质咖啡（记住，风味即品质）。劣质咖啡充斥着我们的生活，而且往往我们只能喝到这种。在一定程度上也是因为咖啡从本质上来说是一种苦的饮品。人们所谓的那种后天慢慢喜欢上的食物或饮品，例如咖啡、啤酒和葡萄酒，通常都带有类似苦味的特质，这种特质会告诉我们的原脑："嘿！这是毒药！这是危险的！别喝了！"如果我们没有倒下，味蕾会对它们进行脱敏，来"吸收"这令人不安的味道。朋友们，既然你已经喜欢上咖啡的味道了，那么你已经跨过了第一道障碍！

在你深入阅读这本书之前，我想确保大家对我将要谈论和推荐你去品尝的咖啡有一个共识。在大多数情况下，这些咖啡是采用我所说的现代烘焙技术烘焙出来的高品质咖啡。这些咖啡烘焙方式旨在突出咖啡豆本身的特质。咖啡豆富含多种化合物，可以产生多种风味，包括果香味、花香味、坚果味、可可味等。咖啡具有像优质的葡萄酒、啤酒、茶叶、奶酪和巧克力一样多层次的味道。通过特定的处理法和烘焙方式，咖啡豆可以既彰显固有的香味，同时又被赋予新的风味。结果就是"一种既多样又多变的产品"[1]。这么说有点以偏概全，但这种烘焙主要是手工咖啡烘焙商在做。这也是手工咖啡与其他精品咖啡的区别之一。

咖啡具有像优质的葡萄酒、啤酒、茶叶、
奶酪和巧克力一样多层次的味道。

　　大多数人熟悉的传统烘焙方法强调烘焙特质，即在烘焙过程中产生的风味，这些风味本质上以深烘、烘烤味和苦味为主。这些味道就是咖啡的传统味道，很强烈，往往会盖过其他味道。别误会：有很多传统烘焙师也可以烘出风味平衡的咖啡，尤其是在意大利这种咖啡烘焙艺术臻于完善的国家。然而，它们展示的只是咖啡风味轮里的一部分。如果你选择这些咖啡豆来做本书中的味觉练习，你可能喝不到我们讨论的许多味道。因为在这种咖啡豆里并不容易找到太多的风味。当然，采用现代技术烘焙的咖啡既有传统咖啡的味道，还有其他更多的风味。这本书旨在彰显这一点。

　　还有一点，长期以来人们一直喜欢在咖啡中加入奶制品。像咖啡欧蕾、拿铁、可塔朵这些饮品，所使用的咖啡豆都是专门为了与蒸奶的脂肪和糖完美搭配而烘焙的。在本书中，我们主要关注咖啡本身，将品尝什么都不加的黑咖啡。

　　高品质的咖啡豆必须花精力去寻找，但还是很值得的。＊美

＊ 不仅仅为了风味，注重风味的烘焙商通常也注重透明度和公平性，这代表着他们会支付给生产商更公平的报酬（通常高于所谓的公平贸易价格）。咖啡生产商在过去曾遭受剥削，所以这一点很重要。去了解你的烘焙商！

国商店货架上大部分是品质较低的咖啡，它们选用的是天然更苦的咖啡品种。更糟糕的是，将咖啡烘焙到最深一直是这种咖啡的质控手段。普遍的观念认为，大多数消费者希望无论何时何地购买的产品味道都保持一致。对咖啡来说，最简单有效（成本效益最高）的方法就是在烘焙过程中扼杀掉咖啡的任何独特特质。一些大型美国精品咖啡连锁店就采用这种方法，结果是烘出很油、极苦、烧焦味的咖啡。这种咖啡在美国和世界各地都随处可见。他们声称最初是受意大利咖啡的启发，但实际上已经与传统的意大利咖啡相去甚远了。这种咖啡扭曲了我们对风味的看法，从某种程度上说，手工咖啡必须努力扭转这种情况。种种原因下，咖啡风味的潜力在很大程度上被误解了。我希望能够纠正这个误解。

　　好了。免责声明够多了。你现在可以开始阅读第一章了。

第一章

咖啡风味：
神秘的
多模式组合

咖啡是一种极其复杂的产品。科学已经证实，大约有 12 000 种化合物影响我们对咖啡的感官体验。[1]我们的五种感觉——味觉、嗅觉、触觉、视觉和听觉，都会影响我们对咖啡的体验。正如科学家们所说，咖啡风味是一种多模式的感受。在这本书中，我们将重点介绍前三种感觉：味觉、嗅觉和触觉（我们喝咖啡时的口感）。这三种感觉共同创造了我们称之为风味的体验。*

你很快会分别了解这三种感觉。但实际上，在你吃东西或喝东西时，很难将这三种感觉彼此分离。首先，它们互相影响。** 此外，它们在大脑和边缘系统（我们所谓的原脑）中同时接受处理和合成，从而产生了科学还未能完全解释的"瞬间风味感"。人类非常擅长这种"瞬间风味感"。截至撰写本书时，计算机尚未能复制出人类这种如此迅速精确地分析和识别味道的能力。[2]

总的来说，咖啡感官科学直到最近才得到严谨的学术研究，因此我们对咖啡风味还有很多不了解的地方。科学表明，无论豆种、烘焙方式和冲煮方式如何，人们都能轻松地识别出咖啡。[3]它极具独特性（虽然难以描述）。尽管我们取得了科学上的进展，但还不能明确咖啡中的约 12 000 种化合物是如何形成

---

* 有些科学家将触觉排除在味道外。
** 这也是其他科学家将触觉视为味道的一部分的原因。有一些有趣的关于交叉感知影响味道的科学研究，即感官输入如何影响我们对咖啡的感知。神经科学家法比亚娜·卡瓦略（Fabiana Carvalho）是研究精品咖啡感官科学的领军人物。她的研究还包括了视觉如何影响咖啡的味道，非常酷。推荐你了解！

这些味道特质的，也不能明确为什么咖啡喝起来可以同时像很多种其他东西。

更重要的是，我们对咖啡风味的感知，无法通过用科学仪器测量化合物来预测，至少目前尚未能做到。[4] 衡量风味的唯一方法是通过我们——人类！人类是感官科学领域研究风味感知的工具。一些科学家，如加利福尼亚大学戴维斯分校咖啡研究中心的科学家，目前正在专门研究咖啡的感官体验。

现在，让我们把喝咖啡的多模式体验分成几个阶段，用专业咖啡术语来阐述这个过程。在完成并思考本书中的练习时，以及在有意识地品尝咖啡时，你都可以使用同样的品鉴步骤。这也将作为我们稍后详细探讨的主题的开始。

香味
你要做的：认真地闻一闻新鲜研磨的咖啡。

在用餐的时候，我们的五大感官都会参与其中。在餐厅里，你会听到其他客人的餐具在盘子里叮当作响的声音，会感受到玻璃杯里水的冰凉，能品尝到开胃菜布拉塔奶酪的咸香和鲜甜。但是，无论你是在家里做咖啡，还是走进咖啡馆，在你把咖啡杯送到唇边之时，首先扑面而来的都是咖啡的独特香味。这点很特殊。当你走进一家酒吧时，并不会被酒味熏到。但当你走进一家咖啡馆时，那迎面扑来的熟悉而诱人的咖啡香味从不失约。这种浓郁的气味弥漫在空气中，经久不散。这是我们站在店里等待咖啡冲煮时一定会有的体验。

通过鼻子能闻到味道的这一感觉，学术说法叫"嗅觉"。我们通过鼻子去闻味道（你可以认为是嗅）对应的是鼻前嗅觉。专业品鉴者将咖啡体验的这第一个部分称为"香味"，特指新鲜研磨的咖啡在接触水之前能给人带来的鼻前嗅觉。这是一个行业术语（科学家通常称闻到的味道为"气味"，不管它们是如何、何时和为何产生的），但这是一本关于咖啡的书，为清晰起见，我也将使用这个行业术语。

如果你深深地闻过一袋咖啡，你就会知道新鲜的咖啡豆本身就很香。而在研磨后，咖啡豆会在空气中释放出更多的挥发性化合物，因为表面积增大了。在化学中，易挥发的东西容易汽化或升华，即从液态或固态变成气态。挥发性化合物很容易被闻到（前提是它们有气味），因为它们会与空气混合并进入我们的鼻腔。

挥发性越强的化合物越容易在空气中传播并进入我们的鼻腔。这些就是我们体验咖啡香味时感受到的化合物。它们往往是"最微妙的气味——黄油味、蜂蜜味、花香、果味"[5]。正是这些化合物让咖啡的香味与其他气味不同。

香气

你要做的：认真地闻一闻刚煮好的咖啡。

对于咖啡品鉴师来说，咖啡"香气"是指闻到冲煮好的咖啡时产生的鼻前嗅觉。（再次强调，这是咖啡品鉴体验中的专用词；这种情况下科学家还是会使用"气味"一词。）冲煮咖啡的过程是将热水注入咖啡粉中，通过能量传递将较难挥发的挥发性化合物释放到空气中，之前没闻到的气味现在就可以闻到了。这个时候空气中聚集了更多的挥发性化合物，这就是为什么冲煮好的咖啡香气和研磨时的咖啡香味有所不同。

新释放的化合物会与香味阶段释放的化合物混合，有时也会盖过它们。在这个阶段，我们最容易闻到的化合物的来源，可以追溯到烘焙过程中发生的美拉德反应。美拉德反应是食物变成棕褐色时发生的一系列化学反应，烤面包、烤牛排或烘焙咖啡豆的过程中都会有美拉德反应参与。因此，这种香气往往具有"焦糖味、坚果味或巧克力味"[6]。

风味

你要做的：喝一口冲煮好的咖啡，啜出声（如果需要的话），让咖啡弥漫你的整个味蕾。

当我们啜一口咖啡时，几种感官感受会结合在一起，形成我们所说的风味。我们的味道感知（味觉）主要通过味蕾进行。味蕾可从冲泡时溶解到水里的咖啡化合物中察觉出五种基本味道——酸、甜、苦、咸和鲜。与此同时，我们还会切换到另一种不同的嗅觉方式，即在口腔内发生的鼻后嗅觉。当我们啜饮和吞咽咖啡时，挥发性化合物会在空气中传播，并在我们呼吸时通过咽喉（口腔、鼻腔、气管和食道的连接处）进入鼻腔。所以有些人喜欢啜饮时发出声音，这样可以让咖啡在上颌扩散，有助于挥发性化合物挥发，然后自由地进入鼻腔，最后被识别出来。

我们的触觉（身体感觉）也在参与，它能察觉出咖啡的重量、质地（称为"触感"）和温度。根据咖啡的不同，我们还可能会体验到化学感知，一种由化学刺激物（这是相对于物理刺激而言的，如"热"）引起的"刺激"。在咖啡中，最常见的是我们所知的涩感，即口干感。辣椒中的辣椒素引起的灼热感也是一个化学感知的例子。

世界咖啡研究中心（World Coffee Research）与精品咖啡协会合作，编定了110种咖啡风味属性，分为九大类：烘烤味、香料味、坚果/可可味、甜味、花香、果味、酸味/发酵味、绿色植物/蔬菜味和其他（化学、纸皮类味/霉味）。我们将在第四章中详细探讨其中一些风味属性。

冲煮好的咖啡在凉了之后，味道会发生变化。如果你曾将一杯热咖啡放在一边，过一会儿再去喝，那你就会知道这种变化了。稍后我们会谈到，这个变化的部分原因是我们对味道的感知受到了温度的影响。[7] 此外，最初使挥发性化合物在空气中扩散的热量开始消散，因此在鼻后察觉到的化合物组合发生了变化，使得我们对味道的感知也发生了变化。[8] 如果凉的时间足够长，咖啡中的化合物就会开始发生化学变化，通常是氧化（暴露在空气中），这将进一步改变咖啡的味道，大多数时候是变得更糟。

余韵

你要做的：留意咽下咖啡后还留存的味道。

咖啡品鉴师将咖啡体验的最后一个环节称为余韵。当你喝完咖啡后，口中仍留存有味道，这种味道来自我们舌头周围的残留物。在咖啡里，包括油脂在内的不溶性固体通常会产生余韵，最常见的余韵是坚果/可可味、烘烤味和化学味。[9] 这是有原因的，因为易溶于水的可溶性化合物在吞咽时很容易被带走，而不溶解的残留物中所含的化合物，不仅与口腔中的味觉和触觉受体相互作用，还会进入我们的鼻腔，再与嗅觉受体相互作用。这三种感觉就是风味的来源。由于这些化合物的组合与咖啡入口时的组合不同，所以余韵和咖啡品鉴体验的其他阶段是截然不同的。

～～～～～

每次冲煮和饮用一杯咖啡，我们都如同踏上了一段旅程。咖啡的味道在不断转化和变化，它能以一种其他食品和饮料无法比拟的方式征服我们的感官。所以你会理解为什么咖啡品鉴师喜欢将咖啡品鉴分解成不同的阶段，以此表示对咖啡的尊重。咖啡之旅的每一站都有新的感官特质等待我们去发掘，这也是品尝咖啡会令人愉悦的原因之一。

CHAPTER 2

第二章

咖啡和
基本味道

高中毕业后的一个下午，我到当地一家小餐馆喝了人生第一杯咖啡，当时那里面都是退休的人。和我一起的男孩点了一杯咖啡，我不想显得不谙世事，就跟着点了一杯。当时服务员问我要不要加奶加糖，我说不用。我父母不喝咖啡，所以我从来没在家里喝到过咖啡。我对咖啡一无所知，只知道爷爷喜欢喝黑咖啡，所以我觉得黑咖啡是首选。

当男孩和服务员都问我是否确定时，我知道自己可能失策了，但已经没有退路了。"是的，"我说，"我一直喝黑咖啡。"当冒着热气的咖啡端上来时，我抿了一口，想装作像身经百战一样。那杯咖啡又苦又淡，我现在知道了，那就是典型的餐馆咖啡：萃取过度还很寡淡。我突然明白了坐在对面的男孩为什么毫不犹豫地往咖啡里加奶精。

但现在我是一个喝黑咖啡的人了。黑咖啡很对我的口味。我从来不往咖啡里加东西，这个习惯在我喝第一杯高品质咖啡时就派上用场了。两种咖啡之间的差别非常明显。餐馆咖啡喝起来涩口，而好的咖啡喝起来丝滑。餐馆咖啡苦涩，有时甚至带糊味，而好咖啡却非常美味，完全不一样。很难用语言表达为何会这样，怎么会这样。反正我已经"上瘾"了。

味道（taste）和风味（flavor）这两个词经常会互换使用，但从科学角度来说，两者是有区别的。在本书中，我们会注意到这种区别，因为这能为我们的品尝体验增添一层细微的差异和欣赏价值。味道（味觉）是我们的五种感觉之一。风味（我们将在第三章中谈论）主要是味觉、嗅觉和触觉三种感觉的结合。

味觉是一种化学感觉，也就是说，是一种化学刺激，是对味觉物质[1]做出反应，而不是对物理刺激做出反应。相比之下，我们的视觉、听觉和触觉都会对物理刺激（例如光、声音和压力）做出反应。味觉物质对应五种基本味道：酸、甜、苦、咸和鲜。

我们的味觉是如何工作的？

在最基本的层面上，味觉发生在与基本味道相关的特定味觉物质与相应的味觉受体相互作用时。舌头（和其他一些部位）是味觉受体的集聚地，这些受体存在于味觉细胞内。你在舌头上可以看到的小凸起叫作舌乳头，味蕾分布在上面。味蕾是一种球状结构，每个味蕾都有一组味觉细胞，大约 50 到 100 个。

食物中的化合物必须先溶解在水中，才能与味觉受体相互作用，如果没有液体介质参与（就像咖啡中的液体介质一样！），我们的唾液会起到一点作用。一旦味觉受体被食物中的化合物刺激到，它们就会与感觉神经元通信，感觉神经元进而与大脑通信，然后大脑会分析这些信息并做出反应。这整个网络称为味觉系统。

长期以来，科学家们一直没有完全了解味觉的运作机制。实际上他们至今还在不断完善细节。在公元前 350 年，亚里士多德首次描述了甜、苦、咸、酸等基本味道。鲜味直到 1908 年日本科学家池田菊苗提出，才正式出现在人们的视野中（西方科学又花了大约 100 年的时间才接受鲜味）。直到 2002 年，第一个受体（苦味）才被鉴定出来；在接下来的十年里，其他基本味道的味觉受体相继被发现。[2] 也许还存在别的基本味觉，但在科学家确认相应的受体并明确其工作原理之前，一切都还不能盖棺论定。 撰写本书时，科学家们正在争论是否应该将肥（如果你喜欢的话，可以称为油脂味）视为第六种基本味道。

味觉机制相当复杂，因此这里简单说明一下我们如何感知味道。 甜味、苦味和鲜味的工作原理类似，科学家称之为"锁和钥匙"原理。 甜味、苦味和鲜味的味觉受体都有自己的锁，要遇到正确的钥匙（化合物）才能打开。

味觉受体通过离子通道检测咸味和酸味。 当咸味和酸味溶解时，它们会分离成正离子和负离子。（想想高中时学的：离子是原子或原子基团失去或得到一个电子而形成的带电粒子。）离子通道允许带电粒子进出细胞，并对电活动的变化很敏感。 例如，检测咸味的离子通道对正离子的浓度很敏感。 低浓度被识别为"美味"，高浓度则被识别为"难吃"。 酸味的运作机制科学家们仍在研究，是另一种美味或难吃的机制。 科学家认为酸味的运作机制应该和咸味类似。[3]

亲爱的大脑：所有风味尽在大脑

我们知道，味觉系统通过口腔中的味觉细胞探测信息，并通过神经网络将信息传递给大脑。 信息的第一部分是所谓的味质，我们处理的只有甜、咸、酸、苦和 / 或鲜味吗？ 其实大脑对另外两种信息也感兴趣：味道的强度及它的享乐价值（hedonic value）。强度描述的是味觉感受的程度，它有多甜、多咸、多酸、多苦、多鲜。享乐价值描述的是味觉带来的愉快或不愉快程度。

与我们所有的感官一样，味觉系统是为了我们维持生命而存在的。我们的大脑会综合有关味道的特征、强度和享乐价值等信息，决定我们吃的或喝的东西是否具有营养价值，是否有毒。根据大脑对味道的评估，我们要么继续吃，要么停止进食。如果大脑认为某样东西具有强烈毒性，可能会让我们不由自主地排斥它，或启动一些保护性反应。这一切都发生在瞬间，而且往往是无意识的。但是在这里，我们要试着有意识地去品尝咖啡，了解味觉系统那些纷繁的信息，学习如何有意识地拦截和观察它们。

首先，留意自己吃喝的东西，你可以分别评估三种味觉信息（相关练习在第 033 页）。与此同时，它们中的任何一个都不是孤立存在的。例如，味道会根据食物的刺激程度发生变化，一种味道会影响我们对另一种味道的感知。

其次，总的来说，人类（像许多杂食动物一样）倾向于甜食和鲜味，对苦的东西反感；对咸和酸可能会有不同的倾向，取决于它们的强度。科学家普遍认为，这些反应与"进化压力"有关。[4] 换句话说，甜和鲜的东西往往能给我们提供生存所需的营养，而苦的东西往往是有毒的。好吃的咸味和酸味食物往往富含营养，而太咸和太酸的东西往往变质了或有毒。关于基本味觉的信息可能会触发一些自动行为，比如干呕或舔嘴唇，这似乎是原脑部分的固化行为。这些演化遗留的证据表明，味觉在我们这个物种的生存中起着关键作用。[5]

总之，我们喜欢某种味道的程度往往同时取决于它的特质和强度。这就是我们会觉得这杯咖啡"好喝"，那杯咖啡"不好喝"的核心原因。例如，萃取不足的咖啡会产生过多的酸味分子，使人觉得太酸；而萃取过度的咖啡则含有过多的苦味分子，使人觉得太苦。萃取均衡的咖啡在酸味和苦味之间取得了令人愉悦的平衡。

最后一点或许是最重要的——我们对味道的感知会受基因和生活经验的影响。这说明味觉本质上并不客观。在生理层面上，一个人对味觉的感知可能与旁人不同，因此对味觉的体验也不同。实际上，大家对五种基本味道的感知和敏感度可能存在很大的差异。但我们也可以通过经验主动塑造自己的味觉系统——这往往受环境的影响，也可以通过用心的观察来达到塑造味觉系统的目的。（所以，我在上一段中提到的咖啡过度萃取和萃取不足时会让人产生的味觉，也只是从西方特别是从美国人的角度出发的。）我们可以成为更好的品鉴者！那些我们所感受到的令人愉悦或不快的味道，会随着我们的认知和时间的改变而改变。

趣闻

舌头味觉分布图是谬论！很多人都受到了教科书的影响，教科书中的舌头味觉分布图，标示了舌头感知不同味道的不同区域，例如舌尖感知甜味。事实证明，那张图是基于一些错误的数据编制的。 事实上我们舌头的所有区域都可以检测到上述的五种味道。

咖啡的基本味道

苦味和酸味是咖啡的主要基本味道，不过让我们先来更详细地了解所有基本味道背后的生物和化学原理，以及它们在咖啡中是如何表现的。 对每一种味道，我都定了常见的参照物——一些可以食用的代表该味道属性的东西。 在本章的练习中，你会用这些参照物来练习辨别基本味道。 我建议你准备好这五种基本味道参照物，然后进行盲测（见第 156 页），直到你可以轻松区分出每一种。 这也是咖啡专业人士用来准备感官初级课程考试的练习。

苦

常见苦味参照物：苦味盐（硫酸镁）

咖啡中的主要苦味化合物：绿原酸内酯、苯基林丹（phenylindanes）、咖啡因、未知化合物

苦味可能是五种基本味道中最复杂的一种，[6] 科学界对其的了解仍有很多空白之处。 苦味物质的化学结构差异很大。 迄今为止，科学家已经在人体中发现了大约 25 种苦味受体。[7] 这些受

体可以检测到数百种不同的苦味物质，其结构也千差万别，从微小的离子到相对较重的肽都有。[8]

你可以把苦看作甜的反义词。甜从本质上来说是令人愉快的，而苦味天生令人不快，婴儿和动物对苦的感受也是如此。我们的大脑将苦读作"有害"、"有毒"或"危险"。所以如奎宁这样最纯正的味道参照物很难获取，因为摄入一定剂量会中毒。出于安全考虑，我不建议买来用作本书的练习。你可以使用硫酸镁，这是一种苦味盐，科学家在 2019 年发现这种盐的苦味会被 TAS2R7 受体感知。[9]暂时没有一个完美的苦味参照物。

毫无疑问，苦味是咖啡这五种基本味道中最明显的味道之一。[10]这也难怪，因为咖啡中有 70 到 200 种苦味物质，咖啡因就是其中之一，但它对咖啡苦味的影响远不如其他化合物多（含量为 10% 到 20%）。最近的研究表明，咖啡中 50% 到 70% 的苦味来自绿原酸内酯，30% 来自苯基林丹，这两种物质都是在烘焙过程中形成的。科学家认为，多达 20% 的咖啡苦味来自未知味道物质。[11]

奇怪的是，咖啡专业人士的评分表上没有苦味选项，而且根据我的经验，咖啡专业人士往往不谈论咖啡中的"苦味"。有时候似乎苦味被视为一种负面属性，尽管它始终存在于咖啡中，或多或少。世界上没有不苦的咖啡，在寻找你喜欢的咖啡时，了解自己的苦味阈值很重要。

根据 SCA 的说法，苦味在咖啡中有一定程度的细微差别。咖啡因的苦味是"干净的"或"单一的"；绿原酸内酯是"圆

基本味道：苦

通过这个练习来学习辨识苦味的特质。一旦它进入你的记忆库，你就能更容易地辨识出咖啡和其他食饮中的苦味。

你需要准备

- 电子秤（测量精度 0.1 克）
- 苦味盐
- 1 升热过滤水或矿泉水（无添加），大量常温白开水
- 两个大小相同的带盖玻璃杯（4 至 8 盎司，约 120 至 240 毫升）

将 5 克苦味盐溶解到 1 升热水中。搅拌或摇晃直到完全溶解，制成浓度约 0.5% 的溶液（如果不使用热水，不太好溶解）。盖上杯盖，让溶液温度降至室温。

将苦味溶液倒入一个玻璃杯里，盖上盖子以防味道挥发。在另一个杯子里倒入白开水。分别品尝并比较。感觉味道如何？这种味道让你想起了什么？尽可能描述出来，或将其与某个记忆联系起来。

小提示

- 所有基本味觉练习，都请使用 1 升容量的塑料瓶或玻璃瓶。这样你就可以轻松存储样品进行比较和盲测，以测试你的识别能力。每次制作完参照物后放入冰箱并在几天内用完。品尝前先放至室温。

- 苦味盐的比例是我自己调的，我无法科学地证明它的强度。苦味盐的基本味道很复杂，所以它并非最纯粹的参照物。

润"、"柔滑"或"顺滑";而苯基林丹类则是"刺激性"[12],似乎会产生涩味,这是一种与苦味相关,但又不同于苦味的感觉(见第 074 页)。

苦味物质是否会像酸性物质和甜味物质那样提供额外的感官特质或亚特质,还有待科学进行充分证明和阐述。2019 年的一项研究发现,一些苦味物质会明显影响品尝者鼻后对咖啡香气的感知,这表明特定苦味物质确实具有明显的感官特质。然而,这可能不是苦味本身的特质,而是苦味物质的亚特质(如咸味、涩味和金属味)组合起来产生的影响。[13]

喜欢咖啡的人都知道,随着时间的推移,我们对苦味的天生厌恶会逐渐变成喜爱。咖啡就是一个典型的例子。啤酒和黑巧克力也是如此。科学家认为,当痛苦和快乐同时出现时,这种转变发生率就很高。也请记住,人与人对苦味的敏感度差异很大,我稍后会解释。有部分原因是基因,文化也会有影响,世界各地不同的咖啡文化就明显反映出这一点。有些地方的文化更喜欢浓郁的苦咖啡,有一些则不喜欢。[14]

苦味的特质和强度取决于生豆(未烘焙的咖啡豆)中化合物的浓度及其烘焙程度。某些品种,如卡内弗拉咖啡(*C. canephora*)——通常被称为罗布斯塔咖啡(Robusta),就比其他品种,如阿拉比卡咖啡(*C. arabica*)含有更多天然存在的苦味化合物。但即使是阿拉比卡咖啡,在深度烘焙时,苯基林丹浓度增加,也会导致它比浅烘的咖啡苦。近期的研究还发现,咖啡中的苦味与其溶解固体总量(TDS)相关,TDS 是衡量咖啡浓度的一个指标。TDS 高的咖啡苦味更强烈。[15]

酸

常见酸味参照物：柠檬酸

咖啡中的主要酸味化合物：绿原酸、羧酸、磷酸

酸味有点特别，人类要么很喜欢它，要么很不喜欢它。它可以给食物和饮料增添一种令人愉快的、刺激的维度，但也可以让人反感，尤其在大量食用时。我们对酸味的喜爱或厌恶可能会随着成长而变化：婴儿往往会拒绝酸味，而儿童却对酸味情有独钟（千禧一代的朋友有没有在读书时吃过酸酸糖？）。尽管酸味的机制仍在研究中，但科学家们知道酸性物质与酸味有关。科学家认为酸味可以帮助我们发现酸性物质并避免过多摄入，因为过多摄入会破坏我们身体的酸碱平衡。酸味还与电解质和营养必需的矿物质有关。[16]

和苦味一样，酸味也是咖啡中重要的基本味道。咖啡品鉴师用"酸度"来形容它。这是一种受欢迎的特质，特别是在浅烘和中浅烘的咖啡中，所以它在专业评分表中拥有自己的评分项。

酸味总是来自酸性物质，在咖啡中主要有三种酸性物质：绿原酸、羧酸和磷酸。酸性物质在咖啡豆的生长过程（通过土壤吸收、在光合作用过程中产生）、处理过程（在发酵期间形成）、烘焙和冲煮过程中，以各种方式进入咖啡。[17]

酸性物质往往具有独特的感官特征，因此在咖啡中可以以多种方式呈现，包括特质和强度。你可能对《世界咖啡研究感官词

基本味道：酸

通过这个练习来学习辨识酸味的特质。一旦它进入你的记忆库，你就能更容易地辨识出咖啡和其他食饮中的酸味。

你需要准备

- 电子秤（测量精度 0.1 克）
- 食品级柠檬酸
- 1 升过滤水或矿泉水（无添加），大量白开水
- 两个大小相同的带盖的玻璃杯（4 至 8 盎司，约 120 至 240 毫升）

将 0.5 克柠檬酸溶解到 1 升水中。搅拌或摇晃直至柠檬酸完全溶解，制成浓度约 0.05% 的柠檬酸溶液。

将柠檬酸溶液倒入一个玻璃杯中，盖上盖子以保持香味。在另一个杯子里倒入白开水。分别品尝并比较。感觉味道如何？这种味道让你想起了什么？尽可能描述出来，或将其与某个记忆联系起来。

小提示

- 柠檬酸在一些杂货店和网上都能买到。
- 保存好溶液，因为它在其他味道属性练习中也会用到（见第 125 页）。保存在冰箱里并在几天内用完。在使用之前先放至室温。

典》中作为参照物的羧酸很熟悉，它包括柠檬酸（与柠檬有关）、醋酸（与醋和发酵有关）、丁酸（与帕尔马干酪等陈年奶酪有关）、苹果酸（与苹果有关）和异戊酸（类似脚臭和罗马诺干酪）。

有些酸性物质除了呈现酸味，还具有挥发性，这意味着你的鼻后嗅觉也会参与其中。例如，醋酸和甲酸被认为是咖啡中"酒味"的来源。[18] 研究还发现，柠檬酸会带来"爆发性酸味"，苹果酸会带来"柔和的酸味"，这两种都与醋酸"酸酸甜甜"的特征截然不同。[19] 此外，在讨论苦味时我们已经知道，由绿原酸形成的化合物具有苦味，同样，由绿原酸形成的咖啡酸和奎尼酸也具有类似的苦味和涩感。

"酸味"与"酸度"

科学术语的定义往往和我们日常用语中的定义不同，日常要求没有那么精准。从化学角度上看（用最简单的话来说），酸是一种在溶液中释放质子（通常是带正电的氢离子）的分子。强酸（pH 值较低的酸）提供大量质子，弱酸（pH 值较高的酸）提供少量质子。许多酸是酸性物质，但不是所有都是。

在咖啡语言中，这些术语用来表达对咖啡特点的判断。酸度（acidity）用来描述咖啡中令人愉悦、受欢迎的特质（通常使用"明亮"和其他带暗示的词来描述酸度），而酸味（sourness）则被用来描述不愉快的感觉。酸度和酸味都用

> 来形容酸这个基本味道。前者所感受到的酸味，和咖啡中的
> 其他味道相均衡；而后者的酸味对于饮用者而言过于强烈。

　　你可能会认为酸味的强度与咖啡的 pH 值相关。毕竟按重量
计算的话，生豆的酸性物质含量约为 10%，其中包括柠檬酸、苹
果酸和醋酸。[20] 然而，最近一项研究发现事实并非如此。回想
一下，并非所有酸都会产生酸味，例如咖啡中的绿原酸往往会
产生苦味。同样，并非所有强酸（低 pH 值）都具有高强度的酸
味。有时弱酸（高 pH 值）的酸味强度比强酸更高。因此研究
人员相信可能还有其他因素在起作用。[21]

　　这项研究发现，人们感知到的酸度确实与可滴定酸度相关，
可滴定酸度是衡量食物中总酸浓度的指标。（而 pH 值仅测量游
离酸的浓度，即已释放出氢离子的酸的浓度。[22]）此外，对酸味
的感知影响最大的是咖啡的冲煮方式，而不是烘焙程度或其他因
素。溶解固体总量高、萃取率（PE）低，即 pH 值最低的咖啡
酸度最高；而溶解固体总量低、萃取率高的咖啡酸度最低。[23]

浓度和萃取率

　　我们用溶解固体总量（TDS）衡量咖啡的浓度。咖啡中
溶解的化合物越多，浓度就越高。萃取百分比（PE）又称萃

取率，指粉量（最开始时的咖啡粉量）中有多少物质被萃取到咖啡液中。这主要与水和咖啡粉接触的时间长短有关，因为是靠水从咖啡粉中萃取出化合物的。时间过短，咖啡会萃取不足。时间过长，咖啡会萃取过度。请参阅第 095 页，了解冲煮是如何影响风味的。

话虽如此，但实际上在烘焙过程中，一些酸会分解成其他酸和碳水化合物。一般来说，烘焙程度越深，咖啡中酸的含量就越低，但它仍然存在。[24] 因此，烘焙确实影响了咖啡可被人感知的酸度。充分烘烤后残留的酸味很容易被苦味盖过，苦味物质会随着烘焙程度的增加而增加。[25] 这就是为什么酸味在浅烘的咖啡中如此明显，而在深烘咖啡中却完全消失。

甜

常见甜味参照物：食用糖（蔗糖）
咖啡中的主要甜味化合物：可能没有，因为咖啡中的甜是一种感觉

甜味对人类（甚至婴儿）和大多数其他哺乳动物几乎都有无法抗拒的吸引力，因为甜味与碳水化合物有关，而碳水化合物是我们营养的必要组成部分。即使在很低的浓度下，它也会令人愉快（但非常高的浓度可能会让人反感）。[26] 有趣的是，研究表明，那些以肉类为食且不需要碳水化合物的动物，如大型猫科动

物和家养小猫，对甜味丝毫不感兴趣。[27] 这是巧合吗？科学不这么认为。

有两种受体可以检测出甜味物质。（顺便说一句，猫的基因里没有这两种受体。）越来越多的证据表明，我们全身都有甜味受体，包括胃肠道、鼻子和呼吸系统。[28]

与其他基本味道不同，许多不同的味道物质都可以激活甜味受体。[29] 当然有像糖（蔗糖、葡萄糖、果糖、麦芽糖）这样的味道物质，但还有甜味氨基酸和甜味蛋白质。科学家们还破解并设计出了某些能激活我们的甜味受体的分子结构，比如糖精和阿斯巴甜等人工甜味剂。

甜味可以降低人们对一些苦味的感知，[30] 这也许就是人们经常在咖啡中加入甜味剂的原因。

然而在精品咖啡中，天然的、非添加的甜味，是非常值得珍惜的，也是一杯均衡的咖啡中很重要的一部分。专业的咖啡品鉴师经常在咖啡中寻找甜味，甜味在杯测表上有自己的评分项。但这主要是感知到的甜味。换句话说，咖啡中能感知到的甜味和像糖这样的甜味物质没有太强的相关性。

据我们所知，在大家喝的咖啡中，几乎没有天然存在的甜味物质。咖啡生豆中含有糖（根据 SCA 的数据，有多达 10% 的蔗糖含量），但糖在烘焙过程中几乎被降解到完全消失的程度。加利福尼亚大学戴维斯分校咖啡研究中心最新的研究发现，这些甜味物质，像蔗糖和在烘焙过程中由复杂碳水化合物分解而成的单糖，强度远低于人类的感知阈值，这就证实了咖啡中的甜味和天

基本味道：甜

通过这个练习来学习辨识甜味的特质。一旦它进入你的记忆库，你就能更容易地辨识出咖啡和其他食饮中的甜味。

你需要准备

- 电子秤（测量精度 0.1 克）
- 白砂糖
- 1 升过滤水或矿泉水（无添加），大量白开水
- 两个大小相同的带盖的玻璃杯（4 至 8 盎司，约 120 至 240 毫升）

将 10 克糖溶解到 1 升水中，搅拌或摇晃直到糖完全溶解，制成浓度约 1.0% 的糖溶液。

将糖溶液倒入一个玻璃杯中，盖上盖子以保持香味。在另一个杯子里倒入白开水。分别品尝并比较。感觉味道如何？这种味道让你想起了什么？尽可能描述出来，或将其与某个记忆联系起来。

小提示

- 将溶液储存在冰箱中并在几天内用完。在使用之前先放至室温。

然糖关系甚微。[31]

那么，我们喝到的是什么呢？其中一部分可能与产生香气和 / 或味道的化合物有关，这些化合物"欺骗"了我们的大脑，给我们留下了甜味的感官印象。[32] 这些化合物具有类似焦糖、坚果、巧克力和水果的感官特质，在咖啡中很常见。[33] 这些特质实际上是通过鼻后嗅觉感知的香气，而真正的甜味是通过舌头上的味觉受体感知的。

另一种理论认为，咖啡中的一些化合物可能会增强甜味，即使真正的甜味物质的浓度非常低。这些增强甜味的化合物可能会刺激我们的味蕾，使其能在咖啡中察觉出甜味。[34] 在撰写本书期间，精品咖啡协会宣布其咖啡科学基金会（CSF）正和俄亥俄州立大学合作开展一项新的研究"咖啡中的甜味"，研究成果尚未公布。[35]

咸
常见的咸味参照物：食盐（氯化钠）
咖啡中的主要咸味化合物所含元素：钾、钠

盐——氯化钠，是我们所需营养物质中的重要组成部分。钠能帮助我们的身体执行重要功能，例如传导神经冲动与维持水和矿物质的合理平衡。与甜味一样，即使在浓度很低的情况下，咸味也会被认为是令人愉快的。[36] 即使在日常饮食中已经摄了足够的钠（嗨，高血压），人类和其他哺乳动物仍喜欢吃咸的东西，科学家由此相信：我们的味觉系统天生

基本味道：咸

通过此练习来学习辨识咸味的特质。一旦它进入你的记忆库，你就会更容易地辨识出咖啡（如果你不幸在这里遇到它）和其他食饮中的咸味。

你需要准备

- 电子秤（测量精度0.1克）
- 无碘盐
- 1升过滤水或矿泉水（无添加），大量白开水
- 两个大小相同的带盖的玻璃杯（4至8盎司，约120至240毫升）

将1.5克盐溶解在1升水中，搅拌或摇晃直至盐完全溶解，制成浓度约0.15%的盐溶液。

将盐水倒入一个玻璃杯中，盖上盖子以保持香味。在另一个杯子里倒入白开水。分别品尝并比较。感觉味道如何？这种味道让你想起了什么？尽可能描述出来，或将其与某个记忆联系起来。

小提示

- 将溶液储存在冰箱中并在几天内用完。在使用之前先放至室温。

喜爱咸味，而非后天习得。（然而，高浓度的盐通常会让人反感。）

婴儿并不像喜欢糖那样出生就喜欢吃盐，研究发现对咸味的喜好在四到六个月大时开始形成。我们可以通过减少吃盐来调节我们对钠的偏好，但由于盐天生的诱惑力太大，所以对许多人来说相当困难。盐不仅仅有咸味，还有更多令人愉悦的效果。[37] 它可以影响食物的口感，例如增加汤的稠度感。它还可以增强甜味、酸味和鲜味，中和一些苦味剂，减少异味，改善风味平衡，增加风味强度。难怪我们如此渴望它！

咸味来自一种简单的味觉物质：离子，尤其是钠离子（钾盐和镁盐也有咸味）。[38] 科学家们希望能像复制甜味一样在实验室里复制出咸味，让我们减少对盐的摄入，从而减少因为高盐饮食导致的健康问题，这也是出于经济上的考虑。但迄今尚未成功。

一些经销商建议在咖啡中添加盐，因为它可以中和一些苦味化合物。不过，一般来说咖啡中的咸味被认为是一种异味。咖啡确实含有一些钠，这是一种常见的咸味物质，每8盎司（237克）咖啡里约含5毫克钠，但这通常低于我们尝到咸味的阈值。如果要喝到咖啡中的咸味，必须所有因素都恰到好处（或者都出错，取决于你对味道的看法）：需要咖啡中有足够的咸味物质，并且其他味道不能掩盖它。

但是，如果你用来冲煮咖啡的水钠或钾含量高，也可能会导致咖啡有咸味。还有些观点认为，咸味是萃取不足的表现。[39]

鲜

常见鲜味参照物：味精（谷氨酸钠）
咖啡中的主要鲜味化合物：未知，但可能是氨基酸 L - 谷氨酸

鲜味通常被描述为"浓郁"、"美味"和"口感丰富"，这种感受与肉类、海鲜、海藻、蘑菇和西红柿等食物相关。和甜味、咸味一样，鲜味通常被定义为令人愉快的，即使浓度较低。并且鲜味与蛋白质有关，而蛋白质对我们的生命功能至关重要。[40] 蛋白质含有氨基酸，其中一些是鲜味物质，一些短肽和一些有机酸也是鲜味物质。[41] 有一种真正激活鲜味受体的氨基酸叫 L-谷氨酸，它的单一形式接近于味精，天冬氨酸也可以激活鲜味受体。

L-谷氨酸存在于咖啡中，《世界咖啡研究感官词典》中确实有"肉类/肉汤"味道属性，但对于鲜味与咖啡之间的关系，相关的研究并不多。这并不奇怪，因为西方科学长期以来拒绝将鲜味视为咖啡的基本味道，直到近几年才不得不努力追赶。到目前为止，科学已经确认了两种鲜味受体，但可能还有更多。鲜味一个有趣的特点是，我们好像可以喝出鲜味的细微差别，这表明鲜味有多种类型。鲜味还具有让食物变得更美味的超能力。[42]

本书写作之时，咖啡中的"鲜味"虽然比较罕见，但并非闻所未闻。2013 年世界咖啡师大赛冠军井崎英典在比赛中突出强调了咖啡中的鲜味。他非常认真地向评委解释鲜味这个概念，并没有理所当然地认为评委会很了解这种风味特质。[43] 尽管如此，与甜味、苦味和酸味相比，关于咖啡中鲜味的研究还远远不足。有趣的是，我喝过的最好的咖啡之一是一款冷萃肯尼亚咖啡，它

基本味道：鲜

通过这个练习来学习辨识鲜味的特质。一旦它进入你的记忆库，你就能更容易地辨识出咖啡和其他食饮中的鲜味。

你需要准备

- 电子秤（测量精度 0.1 克）
- 味精，谷氨酸钠
- 1 升过滤水或矿泉水（无添加），大量白开水
- 两个大小相同的带盖的玻璃杯（4 至 8 盎司，约 120 至 240 毫升）

将 0.6 克味精溶解在 1 升水中，搅拌或摇动至味精完全溶解，制成浓度约 0.06% 的味精溶液。

将味精溶液倒入一个玻璃杯中，盖上盖子以保持香味。在另一个杯子里倒入白开水。分别品尝并比较。感觉味道如何？这种味道让你想起了什么？尽可能描述出来，或将其与某个记忆联系起来。

小提示

- 味精在大多数超市有售，通常在香料区；只要检查一下成分，确定是纯味精就行了。
- 将溶液储存在冰箱中并在几天内用完。在使用之前先放至室温。

具有明显的甜味和鲜番茄风味，听起来可能有点奇怪，但很美味——我之前和之后都没有遇到类似的咖啡。

是什么影响了我们的味觉感知？

我在前面提到，每个人的味觉体验从根本上是不一样的。例如，两个人喝同样一杯咖啡，可能会一个人觉得苦味正好，而另一个人觉得太苦，不好喝。为什么会这样呢？基因和文化都有影响。了解这些差异能帮助你在精品咖啡的世界中遨游，培养自己的味觉，明确自己的口味。有时会发生一种群体思维，即一些味道被客观地标记为"不好"，而另一些味道则被客观地标记为"好"。然而很多时候事实并非如此。如果你有机会进行探索，对基因和文化如何影响口味与偏好做一些基本的了解，你会更懂得欣赏其他咖啡文化。

基因

基因会影响我们对五种基本味觉的感知和敏感度。还记得科学家认为特定的味觉受体能发现特定的味道吗？嗯，这些味觉受体受我们基因的影响。就像眼睛颜色、头发颜色、身高以及从祖先遗传下来的许多身体特征一样，味觉受体也由我们的DNA决定，并且存在相当多的自然遗传变异。就像亲兄弟姐妹的头发可能呈现不同的棕色，你的味觉受体也可能被基因编码以不同的方式表达。例如，你可能比其他人拥有更多的味蕾，从而对甜味更加敏感（研究表明，甜味感知的差异有高达三分之一是由基因造成的）。[44] 换句话说，我们如何发现和感知味觉，也就是我们的味觉生理，是遗传的，研究人员倾向于认为味觉生理影响我们的个人味觉偏好和行为。

让我们来看看苦味，人类对苦味的感知存在很大差异。我们已知有 25 种与苦味相关的受体，但并不是所有人都能尝出所有的已知苦味物质。[45] 有两种苦味物质经常被用来寻找所谓的"超级味觉者"，这些人对基本味道的感知强于他人。一种是苯硫脲（PTC），另一种是丙硫氧嘧啶（PROP）。

超级味觉者可以察觉出苯硫脲和 / 或丙硫氧嘧啶的苦味，而其他人根本尝不出来，研究也已经找出了影响这些化学物质感知的基因（尽管还不能完全解释超级味觉者的现象）。[46] 研究还表明，感知苯硫脲和 / 或丙硫氧嘧啶的能力通常会影响饮食口味偏好和行为，例如会造成挑食。超级味觉者往往会觉得如西蓝花、菠菜和抱子甘蓝里有难以忍受的苦味，而且他们通常不喜欢黑巧克力和辣椒。能感受到丙硫氧嘧啶的人往往不太爱喝酒，而且，你应该能猜到我想说什么，他们基本上会避免喝黑咖啡和摄入咖啡因。[47]

咖啡太苦？这可能与你的基因有关

研究人员专门研究了基因与个人对咖啡加不加糖的偏好之间的关系。2022 年一项针对意大利咖啡饮用者的研究发

你是天选之子吗?

根据你的味蕾数量,来判断你是否是超级味觉者。

你需要准备

- 食用色素
- 棉签
- 打孔纸条
- 相机(手机摄像头即可)

如果你买不到苯硫脲或丙硫氧嘧啶,可以通过数自己的味蕾数量来判断自己是不是味觉天选之子。在棉签上挤一两滴食用色素,然后在舌头上涂抹。将打孔纸条放在舌头上,把孔眼放在着色的部位。拍个照,然后放大数一下孔眼内的乳突数量。如果你的乳突明显超过了 35,那么你就是一个超级味觉者!如果在 35 个左右,那么你就是一个典型味觉者。[48]

现，那些在基因上对咖啡因苦味敏感的测试者，倾向于选择加糖的咖啡，而基因上对甜味敏感的测试者则倾向于选择不加糖的咖啡。[49]

大约 25% 的人对丙硫氧嘧啶极度敏感，另外 45% 到 50% 的人可以尝到一些，大约 70% 的人可以察觉出苯硫脲的味道。然而，某些群体里的超级味觉者比例高于其他群体。一项研究发现，丙硫氧嘧啶或苯硫脲味觉者人数最少的群体是新几内亚岛和澳大利亚原住民，而人数最多的群体是印第安人。但是每个群体都有超级味觉者和典型味觉者。[50]

你可以在网上购买一些简单的试剂盒来确定自己是否是超级味觉者，如果是，又是哪一种。这种试剂盒里有苯硫脲、苯甲酸钠、硫脲和对照纸。你也许能察觉出一种或全部三种化学物质的味道，也许一种也尝不到。你还可以在网上找到丙硫氧嘧啶测试工具包，科学家经常用这种工具来寻找超级味觉者，并评估味觉敏感性。就我而言，我能察觉出硫脲、丙硫氧嘧啶和苯甲酸钠的味道，我对它们中的任何一个都没有强烈的反应，但察觉不出苯硫脲。找个信誉好的试剂盒生产商，自己在家试一试，然后根据自己察觉的味道情况找到味觉偏好。这项测试没有什么实用性，更像是和朋友一起进行的趣味活动。如果你不喜欢苦味的食物和饮料，也许在做完这个测试后，你能更好地了解原因。

文化

虽然前面引用的一些研究认为基因会影响不同群体的味觉，但也有研究表明，我们所处的文化环境，也会影响味觉的感知和敏感度，这与基因无关。然而，围绕文化环境和味觉的研究仍处于起步阶段，这两者的联系看似很明显，但其中的机制还不清晰。在为这本书收集资料的过程中，我发现了一些有趣的研究。

我们的文化与社会、地理、经济、环境和其他因素交织在一起，所有这些因素决定了：（1）我们周围有什么类型的食物；（2）养育我们的人和身边的人鼓励我们吃什么。是的，我们的原脑天生喜欢甜和咸的东西，但生物心理学家朱莉·门内拉（Julie Mennella）认为，"你会喜欢你吃的东西。"[51] 她的研究认为，这一过程在我们出生就开始了。味觉分子在胎儿期就开始影响我们，然后通过母乳继续影响。我们母亲吃的东西，当然这也和她们能吃到什么和喜欢吃什么有关，都会在我们身上留下印记。我们在世界各地不断积累味觉经验，这些经验本质上受到周围人和食物的影响，从而影响我们对吃喝的审美判断。换句话说，如果我们的周围菠萝无处不在，我们认识的每个人都爱吃菠萝，那么我们很有可能也会喜欢上菠萝。

不同的文化对食物也有不同的倾向，很可能会通过各种饮食传统有意无意地传授给下一代。想想看：几乎每种文化都有另一种文化认为反感甚至视为禁忌的美食。我生活在美国，很多人都是吃花生酱果酱三明治长大的。在其他国家，人们对花生酱果酱这个东西毫无概念，而且觉得听起来很不好吃的样子，这多数是因为那个地方没有吃花生酱的传统，或者没有这样将甜和咸结合在一起的传统。

一篇 2018 年发表在《化学感官》期刊上的文章，比较了泰国和日本两种不同饮食文化的味觉感知和敏感度。[52] 泰国菜以使用辣椒以及将三种甚至五种口味混合到一道菜或一餐中而闻名。相比之下，日本料理很少使用辣椒，也几乎不允许在一道菜肴里出现不同味道，而且一般使用天然带鲜味的用料，例如昆布。

研究表明，泰国测试者比日本测试者更喜欢辛辣，泰国测试者比日本测试者的味觉识别阈值更高，这意味着与泰国测试者相比，日本测试者能在更低的浓度下识别出五种基本味道。有趣的是，20% 的泰国研究对象即使在测试的最高浓度下都根本无法识别鲜味，但所有日本研究对象在测试的所有范围内都能识别出所有味道。

研究人员在研究中对其他因素进行了控制，因此可以确定这些差异是由文化或族群因素引起的，但他们没有就这种关系存在的形式以及为何出现给出明确的结论。也许可以归因于价值观的差异、食物制作方式和摆盘的差异，甚至可能是对辣椒辣度的偏好的差异（那么问题是：为什么一部分人群一开始就喜欢辣椒？）。但关键是，两组研究对象在偏好和敏感度方面存在可测量的差异。

世界各地的咖啡文化差异很大，即使在同一个国家，不同文化之间也存在差异。例如在美国，手工咖啡界通常青睐具有复杂性（可以同时品尝到多种味道）和酸度明显的咖啡，认为这种酸度可以与其他基本味道平衡。为此，我们选择烘焙度较浅的咖啡豆，着重关注咖啡豆的研磨度、水温、水粉比以及咖啡粉与水的接触时间，力求萃取出平衡感突出的咖啡。美国主流咖啡文化中的咖啡爱好者都反感酸味，他们推崇酸度极低、烘焙特征明显（如苦味）的深烘咖啡。我还想说一点，专业咖啡圈更喜欢使用滴滤式咖啡的制作方式——这种方式隔绝了咖啡中的细粉和油脂，产生所谓轻盈的口感，要比那些保留了细粉油脂元素的制作方法更受欢迎。

世界各地的人制作咖啡的方式也各有不同，有很多不同的烘焙和冲煮方案，所以他们的咖啡和我所处的咖啡文化中流行的咖啡特征不同。例如，传统的土耳其咖啡使用极细的咖啡粉，通常用专门设计的铜壶冲泡。这种冲煮方式会产生浓郁、重口味的咖啡，还带着特有的泡沫。还有一些咖啡文化主要加牛奶或其他添加物。这样的例子不胜枚举。

为什么你可以（应该）培养自己的味觉？

一些研究表明，口味偏好是在社会实践中习得的，是相关的判断和行为构成的习惯，大多数人是在无意识的情况下执行的。[53] 这个观点在我写这本书时一直影响着我，可能是因为它印证了我的个人经验。

大多数人通常不需要深入思考自己的味觉感知，只会停留在对当下口味的偏好和判断上（"这个食物很好吃"或"我真的不喜欢这个饮料"），没有理由去反思这些年来自己的口味是如何变化的，或者最初是如何形成的。除了偶尔感冒和流感导致的暂时性味觉减弱，一般情况下味觉系统都是正常运作的。在新冠病毒疫情之前，除了年龄增长或吸烟导致的味觉敏感度下降，很少会有味觉系统长期损伤的案例报道。

我此前也从没思考过自己的味觉问题，直到我开始追求一杯完美咖啡，评估萃取方案，并发现新的风味。但我很快意识到两个关键点：（1）我的味觉受到个人过往经验的限制；（2）通过有意识地收集新的参照物，我可以改变自己的味觉。

我们可以有意识地训练（或重新训练）自己的味觉。尽管关于感官训练对味觉敏锐度影响的研究很少，但现有的研究表明，训练确实可以提高你感知和识别味道的能力，仅靠接触和习惯就可以提高你的识别能力，不需要复杂的训练。[54] 通过系统训练，你可以提高对味道的敏感度，也就是说，你可以通过训练让自己在较低浓度下品尝出味道。本章中的基本味觉练习为你提供了实现这一目标的方法。制作浓度更高和更低的溶液，来测试自己识别浓度变化的能力，看看你的阈值能降到多低。

你还可以减少摄入咸味和甜味食物，以提高对这些味道的敏感度。我们的味蕾会对咸味和甜味产生一定的耐受性，有了耐受性后，需要更高的剂量才能达到研究人员所说的"幸福点"或最佳愉悦度。[55] 例如人对盐的喜好是可以改变的，我们可以慢慢学会适应低盐。据我的个人经验，加工食品往往含盐量很高，当我减少摄入加工食品后，我就体会到这一点了。在自己做了一年番茄酱之后，突然再吃到我以前最喜欢的罐装番茄酱，咸得让人震惊，几乎难以下咽。

你还可以尝试反复接触。[56] 研究表明，一种味道你接触得越多，对它的耐受性就越强。这在苦味方面尤为明显。在现实生活中，这或许可以解释为什么有这么多人喜欢咖啡和啤酒这样的苦味饮品。尽管如此，如果你对自己不喜欢的味道特别敏感，要克服这种厌恶感可能并不容易。我个人对醋和其他发酵的酸味特别敏感，这让我很苦恼，因为它限制了我对许多美食的体验。我会偶尔再试一试，看看是否有什么变化。遗憾的是，到现在为止还没有任何变化。

第三章

咖啡和
风味

我们已经从技术角度介绍了味觉，但我们也明白饮食带给我们的感知远不止基本味道。我们的其他四种感觉（嗅觉、触觉、视觉和听觉）也发挥作用。在这些感觉的共同作用下，我们感受到了"风味"。这就是神奇而神秘的部分。你可能还记得，在咖啡中，风味就是品质。当我们喝咖啡时，风味给我们带来快乐和惊喜。风味让咖啡尝起来既像咖啡，又像可可或水果。这是怎么做到的？老实说我不太清楚，显然其他人也不清楚。但我保证，仔细研究每种味道的组成部分，能让你在一大早喝到的那杯咖啡变得与众不同，能让你从更深层次品味那杯咖啡。

在本章中，我们将重点关注嗅觉和触觉（体感），以及化学感知——有时被称为三叉神经感觉。三叉神经与我们的触觉有关。我们将在本章结尾，回顾一下对咖啡风味起主要作用的感官输入。

基本上，味道是各种感官输入的组合。当食物入口时，这些感官开始工作，让我们把味道区分开来。咬一口苹果，你会吃出甜味和酸味，但这些特质再加上花香味，还有爽脆的口感，就能让我们辨别出这是"蜜脆苹果"，而不是"波士梨"。

味道不是一成不变的。正如我们在上一章中提到的，咖啡就是一个典型的例子，它很好地说明了风味会随着我们的品尝过程而变化。正如《化合物》（*Chemesthesis*）一书的作者所说，"风味不是瞬间的'抓拍'，更像是一部在我们进食过程中播放的电影。"[1]永远不要错过欣赏这场表演！

我们的嗅觉和咖啡

回想一下，我们通过鼻子闻东西的感觉叫作嗅觉。与味觉一样，嗅觉也能帮助我们发现和识别出环境中的化学物质，从进化的角度看，嗅觉让我们这个物种得以生存。一直以来，我们的嗅觉都不如其他感觉那么受重视。但在人类的基因中，每 50 个基因就有 1 个与嗅觉相关。众所周知，嗅觉在我们生活的许多方面都发挥着重要作用——主要是因为我们的生活经常受到味道的驱动。[2]

哺乳动物往往拥有发达的嗅觉系统，尤其擅长区分不同气味。我们人类至少可以察觉出 1 万亿种气味刺激，并分辨出它们的差异。也就是说，我们能够识别的气味种类，要比颜色（230 万到 750 万种）和音调（34 万种）多。[3]过去，人们认为人类的嗅觉不如狗和老鼠等其他哺乳动物，因为我们的嗅觉受体相对较少。新的研究表明，我们的嗅觉系统相当先进，并在对气味刺激的敏感度方面超过了许多哺乳动物，包括狗。在辨别气味方面，我们与其他哺乳动物表现得不相上下，或只是略逊一筹而已。[4]

我们的嗅觉是如何工作的？

我们人体发现气味的方式与发现甜味、苦味和鲜味这些基本味道的方式类似：锁和钥匙原理。气味分子（钥匙）与嗅觉神经元中的受体（锁）结合，而嗅觉受体位于鼻子中所谓的嗅上皮处。受体激活（解锁），神经元将信息传递到大脑，然后就产生了对气味的感官知觉。处理气味是一个复杂的过程，涉及大脑相当大的部分，特别是与其他哺乳动物相比。感觉神经元直接传递信息到嗅球和眶额皮质（额叶的一部分）以及边缘系统（所谓的原脑）。尽管我们的嗅觉受体比其他哺乳动物少（例如，我们大约有 600 万个，而狗大约有 3 亿个），但我们的智慧弥补了这个不足。[5]

我们所能描述的独特气味，比如咖啡里的气味，实际上是多种气味同时激活相应的受体，在大脑中产生了神经科学家戈登·M. 谢泼德（Gordon M. Shepherd）所称的"气味图像"。换句话说，大脑以空间的形式处理气味，每种气味分子都会触发一种独特的空间模式。大脑将很多感官输入读取为空间模式，其中我们最熟悉是视觉图像模式，气味也不例外，尽管它很抽象。事实上，大脑创建气味图像的方式与创建视觉图像的方式非常相似。大脑可以识别气味的独特空间模式并进行解读，很像我们识别人脸。科学家可以用物理方法绘制出创建这些模式的神经活动，这意味着我们可以亲眼看到这些气味图像。请记住，完成这个任务的并不是鼻子里的气味受体，气味受体将信号发送到大脑中的嗅球，气味图像在嗅球处被创建而成。[6]

和味觉一样，嗅觉也能帮助我们规避危险（例如，我们通常会反感腐烂的恶臭味）。虽然现代生活不太需要我们有意识地使用嗅觉，但人类与其他哺乳动物一样，可以使用嗅觉来寻找有基

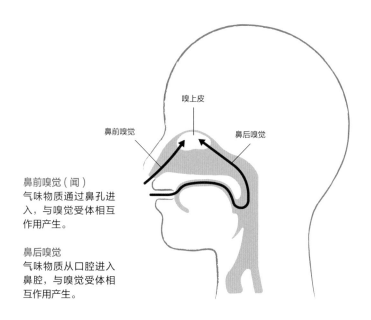

嗅上皮

鼻前嗅觉

鼻后嗅觉

鼻前嗅觉（闻）
气味物质通过鼻孔进入，与嗅觉受体相互作用产生。

鼻后嗅觉
气味物质从口腔进入鼻腔，与嗅觉受体相互作用产生。

因差异的性伴侣（你听说过信息素吧？）、发现他人和动物的信息（他们吃什么、是否与我们有血缘关系、我们是否认识他们等），以及通过气味追踪食物。[7]

　　嗅觉在风味感知中也扮演着重要角色——实际上是主角——也包括在喝咖啡的时候。[8] 记住，我们的味蕾只能感知少数几种基本味道，但我们可以感知成千上万种气味，就算浓度微乎其微。我们即将看到，味道和气味分子在某种程度上结合在一起，能创造出无穷无尽的风味。

　　回想一下，我们以鼻前和鼻后两种不同的方式闻气味，而这两种嗅觉方式让我们能够以不同的方式体验咖啡。第一种是鼻前嗅觉，发生在我们闻东西的时候，例如闻新鲜研磨的豆子（香味，fragrance）和刚冲煮好的咖啡（香气，aroma）。当这些咖啡粉或咖啡中的气味分子通过我们的鼻孔进入鼻腔时，会刺激嗅觉受体，我们就能辨认出特有的咖啡气味。[9]

一提到嗅觉，你想到基本都是鼻前嗅觉，它能检测我们周围发生的事情。人类在这方面相当擅长。想一想，你上次都没看见邻居，就知道他们在外面烧烤，闻到空气中弥漫的泥土味，就知道要下雨了。* 但我们的嗅觉系统在物理结构上不如其他动物那么利用充分，这也是科学家过去认为我们的嗅觉不如其他动物的一个重要原因。例如，狗的嗅觉系统天生适应不断地嗅探环境，获取当下和之前的气味线索。这就是它们被训练去搜寻毒品、尸体和发现低血糖的原因。

而我们的嗅觉系统中发展充分的是鼻后嗅觉。在涉及味道的时候，鼻后嗅觉起着最重要的作用，这是人类嗅觉系统真正的优势所在。当我们咀嚼或吞咽东西时，通过鼻子呼气，鼻后嗅觉就产生了。我们喝咖啡时，气味分子在口腔中释放，通过喉咙后进入我们的鼻子，在那里被受体解码。鼻后嗅觉是风味形成和进食过程不可或缺的一部分，我们通常意识不到这一点，我

---

* 下雨前特有的泥土气味的名称是 Petrichor，是一种由植物油、微生物释放的化合物等混合而成的挥发性化合物的气味，在土壤潮湿时释放到空气中。一种名为土臭味素的化合物起着重要作用，它是土壤中细菌活动的产物，而人类对它极为敏感。土臭味素存在于咖啡中，会散发出泥土或甜菜根的气味。这种泥土味通常被业界认为是一种瑕疵味，但根据闻香瓶（将在下一小节中介绍）的描述，一些日晒咖啡会有土腥味。

基本味觉还是鼻后嗅觉?

通过这个练习,你会发现鼻后嗅觉在感知风味中发挥了巨大作用。

你需要准备

- 量勺
- 白砂糖
- 肉桂粉

将 1 茶匙糖和 1 茶匙肉桂粉混合在一起。捏住鼻子尝一尝这种混合物。你尝到什么味道? 松开手,用鼻子呼气。现在是什么味道? 这个练习可以说明鼻后嗅觉在味觉感知中的关键作用。

小提示

- 你还可以试试盲测。找一袋什锦口味的耐嚼糖果,例如软糖。闭上眼睛,从袋子里拿出一块。闭着眼睛并捏住鼻子,吃下半块糖果。你吃到的是什么味道? 你能猜出自己吃的是什么口味吗? 松开鼻子呼气。现在你能猜出是什么口味了吗? 睁开眼睛看看你猜对没有。

们以为自己在品尝（"我喜欢这种味道！"），好像这只发生在口腔里，而不是鼻子里。实际上，我们的大脑同时解码来自口腔的不同味觉和触觉信息，以及来自鼻腔的气味信息，将这些组成一个详细的故事，再以一个单一且一致的感知呈现给我们。这就是风味。在这里，鼻后嗅觉至关重要。如果没有气味物质，我们只能感知到基本味道：苦、酸、甜、咸和鲜。我们所认为的风味很大程度上来源于嗅觉。

咖啡中的气味物质

我们在上一小节中了解到，气味物质是与特定气味受体相互作用的化合物。我们还了解到，多个气味物质共同组成了单一的气味或感官特质，我们会用一些词去描述这种气味或感官特质，如新割的草、淋湿的狗、巧克力曲奇、咖啡。科学家认为，烘焙咖啡中含有近千种不同的气味物质，这也是咖啡具有诱人复杂性的一个重要原因。[10] 众所周知，气味物质在咖啡品尝过程中给人带来的感受像听交响乐一样跌宕起伏，从干香到冲煮时的香气、冲煮出品后的风味，再到最后回味无穷的余韵，其强度和特质都在不断变化。

那么，这些气味物质是什么？它们从哪里来？

一些气味物质本来就存在于生豆中，一些则是在烘焙过程中形成的。根据 SCA 的说法，科学家将咖啡气味物质按照化学家族分类，得到一个很长的列表：烃、醇、醛、酮、酸和酸酐、酯、内酯、酚、呋喃和吡喃、噻吩、吡咯、恶唑、噻唑、吡啶、吡嗪、其他含氮化合物和各种含硫化合物。仅呋喃和吡喃家族就有140多种化合物，这些化合物是在烘焙过程中通过美拉德反应产生的。[11]

你可能会认为这些系列中的气味具有相似的感官特质，但事实并非如此。相反，SCA建议将咖啡气味物质分为两大类：一种是呈现出"咖啡"特征的香气/味道的气味物质，会让我们感慨"哇，这就是咖啡没错！"；另一种是让这杯咖啡呈现"独特特征"的气味物质，会让我们感慨"这杯咖啡喝着好像蓝莓麦芬！"[12]

科学家认为，所谓的强烈气味（即使浓度非常低也很强烈的气味物质）在不同类型的咖啡（不同品种、处理法、烘焙度等）中普遍存在，这些物质提供了咖啡特有的感官特征。你可以将这些气味物质看作"基本成分"，它们可以以不同的浓度、与不同的化合物混合存在，但保持着某种一致性，所以科学家认为它们赋予了咖啡"咖啡味"。[13]一些研究表明，咖啡中有多达38种强烈气味。奇怪的是，它们在单独状态下都不怎么好闻：经常被描述为肉味、猫味、烘烤味和泥土味。其他相关的描述词还有焦糖味、辣味，这种听起来要好一些。不过，这些气味物质结合在一起，形成了我们所熟悉的令人愉悦的诱人咖啡味。然而，不同的咖啡闻起来也有很大的差异。数百种不同的化合物共同形成了不同的咖啡特征。SCA认为这些化合物是"香料和调味品，它们增加了基本成分的复杂性、深度和多样性"。其中一些化合物的影响是已知的，例如已知化合物 3-甲基丁酸乙酯具有蓝莓味道特质。[14] 并非咖啡中的所有气味化合物都已被识别出来，即使我们能够将单一的化合物和某些感官特质联系起来，但当大自然和烘焙将它们以不同的组合和比例洗牌后，会有什么效果仍然无法准确预测，甚至根本无法预测。

咖啡专业人士经常使用一种名为"闻香瓶"（Le Nez du Café）的香气工具来训练嗅觉，闻香瓶里有 36 种咖啡主要香气的参照物，分为 10 个类别：泥土、蔬菜、干菜、木材、香料、花香、果香、动物、烘烤、化学品。闻香瓶是技术高超的法国工匠以类似制作香水的方式制作而成的。每一个参照瓶都是一小瓶经过精确配比的液体，以复制出一种香气。参照瓶中通常含有与香气相关的化学物质，如 4-乙基愈创木酚，它能使咖啡（或葡萄酒）具有类似丁香的香气。这种闻香瓶很贵，因此对普通品鉴者来说性价比不高。虽然 SCA 感官课程中使用了这种工具，但通常学生不会自己购买，而是使用培训中心提供的。他们反复闻参照瓶，将香气和名称牢记，直到能够在盲测中识别出所有参照瓶。这样做的目的是，当这些香气出现在咖啡里时，他们就能够发现并说出是什么味道。我们会在第四章介绍一些在生活中更容易获取的香气参照物。

有些迹象表明气味可以影响口感。一项研究发现，香草味可以增加布丁中的奶油感。[15] 虽然我找不到这方面专门针对咖啡的研究，但其他研究表明，特定的香气化合物可以影响我们对基本味道的感知。一项研究表明，红糖中的某些芳香化合物可以增加糖溶液的甜感（但糖溶液的甜度实际上并没有增加）。[16] 这或许就解释了为什么咖啡里的甜味物质含量低于人类的检测阈值，但我们仍能尝出甜味，或许因为咖啡中有许多与水果甜味和焦糖甜味相关的香气。

我们的触觉和咖啡

我们的触觉也被称为体感。体感系统通过相应的体感受体对三种主要的物理刺激做出反应：疼痛（痛觉受体）、温度（冷热温度觉受体）和接触（机械性受体）。接触包括几种我们熟悉的刺激：触摸、振动、压力、拉伸等。体感系统还能帮助我们识别身体的各个部位在哪里以及它们在做什么，比如我们的手是在背后还是在头顶，以及肌肉在执行特定的动作时需要做什么。[17] 我们很快会了解到，触觉在风味感知方面发挥着关键作用（尽管经常被忽视）。虽然你可能从未有意识地想过喝咖啡时的触觉，但我敢打赌，它不止一次地影响了你对一杯咖啡的喜爱程度。

闻、气味、香气、香味……哦，天哪！

说到这里，你可能已经注意到，与嗅觉（通过嗅觉系统感知的感官特质）有关的术语有些混乱。这是因为普通人和科学家在使用这些术语时指代的东西含义不同，与此同时，咖啡专业人士还为行业术语增加了更多层次的区分。

如前所述，科学家们倾向于用"气味"（oder）一词来指代由气味物质与嗅觉系统相互作用而产生的感官特质。咖啡专业人士根据咖啡体验的不同阶段，使用两个不同的术语来描述气味：香味（fragrance）指的是刚研磨的咖啡的气味，香气（aroma）指的是咖啡冲煮后的气味。两者都指的是鼻前嗅觉。（同样，《世界咖啡研究感官词典》也使用"香气"一词来指代鼻前嗅觉的感官属性）。在咖啡行业中，一旦发生鼻后嗅觉，这种气味物质要么产生"风味"（flavor），要么产生"余韵"（aftertaste）。

在本书中，我用"闻"（smell）这个词来指代嗅觉或相关的动作。我不用它来指代气味，尽管在日常语言中会这么使用。

我还要讲一个词：芳香（aromatics）。例如"这杯咖啡的芳香"，似乎每个人都用它来泛指咖啡里能闻到气味物质组合，不管它发生在什么阶段，也不管它发生在鼻前还是鼻后。

我们的触觉是如何工作的？

与味觉和嗅觉不同，我们的触觉主要是一种物理感觉：它对物理刺激而非化学刺激做出反应（通常情况下是这样，后文会详述）。与其他感觉一样，触觉也是通过特定受体接收到刺激，并由感觉神经元将信息传递给大脑产生的。它始于三叉神经（第五对脑神经）相关的受体，接着信息首先被传递到控制重要功能的脑干。这是有道理的，比方说如果你感到疼痛，那就需要立即处理。随后信息传到丘脑，然后传到与体感相关的大脑皮层部分。[18]

我们大多数人会认为触觉就是皮肤上的感觉，但其实几乎身体的每个部位都有体感受体——想想当胃部反酸时，你的胃和食道会感到疼痛。我们的口腔中也布满了体感受体，在我们探索触觉在咖啡体验中的作用时，我们会关注到口腔内的体感受体。事实上，我们的口腔触觉和指尖触觉一样灵敏，我们的舌头对温度的敏感度比身体其他任何部位都要高。[19]

口感是口腔内收集到的体感输入的总称，换句话说，是我们在吃东西或喝东西时在口腔中感受到的物理感觉。[20] 口腔中的神经网络让我们知道食物是脆还是绵，是滚烫还是温热，是黏稠还是稀薄，是坚硬还是柔软，等等。如前所述，三叉神经在我们感知口感的过程中发挥着重要作用。它是面部、大部分头皮、口腔和牙齿的感觉神经。在肌肉支配方面，它还控制你的咀嚼和舌头。舌头与牙齿的神经末梢共同作用，帮助你判断口中食物的大

我们的口腔触觉和指尖触觉一样灵敏，
我们的舌头对温度的敏感度
比身体其他任何部位都要高。

小、形状和重量，以及是否会令你感到疼痛、是冷还是热、是松脆还是有嚼头、是粗糙还是光滑等。[21] 再满足你的好奇心告诉你一个知识点：脑神经中的面神经，负责味觉和控制面部表情的肌肉。[22]

口感通常直接影响我们对食物好不好吃的判断，有时跟这个食物本身的味道毫无关系。当然这也涉及个人喜好。例如我对果冻的口感完全排斥，就算味道还不错我也觉得不好吃。而我喜欢香蕉的口感，虽然香蕉的味道不是我喜欢的。

然而，我们对食物或饮料是否可口的判断，常常与食物入口之前的预设期望值有关，也就是说这个食物的口感是否符合我们过去的进食经验和其他感官输入（视觉、嗅觉等）。例如，如果我们看到一块薯片，以前吃过的薯片是脆的，现在这块看起来也是脆的，但放进嘴里却发现是软的，我们很可能会感到失望，哪怕其他方面的味道完全相同。[23] 这种反应不仅仅是喜好问题，还是一种防御机制，就像我们的味觉和嗅觉一样，口感可以帮助我们确定某些东西是否可以安全食用。通常硬的食物变软或者通常软的食物变硬，往往表明该食物已经变质，并且开始腐烂，吃下去不安全了。但口感在没有预设的情况下也发挥功能，例如口感会告诉我们咖啡太烫，不能放心饮用。

化学感知（化学刺激）

我在前面说过，我们的触觉"主要是一种物理感觉"，并且"通常"情况下是对物理刺激做出反应。体感系统也能对化学刺激做出反应，这种情况被称为化学感知。[24] 化学感知有时被简单地称为"化学刺激"，因为其结果通常是刺激性的：辣椒中的辣椒素会引起灼烧感，薄荷中的薄荷醇会引起强烈的清凉感，胡椒中的胡椒碱会引起辛辣感，苏打水中的碳酸会引起刺痛感，生姜中的姜酚会带来暖意，等等。然而，只要保持适当的平衡，这些"刺激"都能为食物和饮料增添美味。

引起化学感知的化合物通常来自植物油和其他植物提取物，这些化合物可以保护野生植物免受草食动物的破坏。[25]

化学感知看似是味觉的一部分，但严格来说并非如此。引发化学感知的化学物质并不与味觉受体发生作用，而是与触觉受体发生作用。一些研究人员认为，化学感知是触觉的"一种感觉亚特质"[26]，或者说是三种体感模式（疼痛、温度和接触）的特征。像辣椒素这样的化合物会与温度受体相互作用，所以室温下我们也会觉得哈瓦那辣椒在舌头上"很烫"，而这与物理温度无关。化学感知还会引发无意识的生理反应，如咳嗽、流涎、打喷嚏，这些是身体试图摆脱刺激物时做出的反应。

虽然化学物质通常与三叉神经的感觉受体相互作用，但它们也可以与上皮细胞（皮肤就是一种上皮细胞）中的受体和／或离子通道相互作用，这意味着化学感知可以发生在你的全身，而不仅仅在口腔和鼻子处。[27]（你可能已经发现了，嗯，在吃完辛辣的食物后排泄时。)

咖啡中最常见的触觉是涩感,即舌头发干的感觉。这种感觉在葡萄酒中很常见,它是由单宁引起的,单宁是一种存在于许多植物中的化合物。咖啡中也含有单宁,不过人们对咖啡涩感背后的机制研究不多。一般认为单宁以及一些酸(如奎尼酸和绿原酸)都会导致咖啡发涩。[28]

我们知道,单宁等化合物与唾液中的蛋白质结合后,会导致它们分离并在口腔中形成残留物,从而产生涩感。蛋白质是导致唾液滑溜溜的原因,这种结合作用减少了滑腻的感觉,再与残留物一起造成了我们认知里的干燥感,即涩感。[29]

不过,关于察觉涩感的机制,科学界还存在一些争议。科学家们需要了解机制,才能明确地给这种感觉分类。例如,涩感曾被认为是一种基本味觉,但后来被推翻了,因为味觉受体并没有被激活。三叉神经参与其中,但具体细节仍难以捉摸。我发现有研究将涩感称为化学感知(与化学受体相互作用)。但也有研究称,目前还不清楚涩感是与化学受体还是与其他触觉受体相互作用的结果。[30]

不过,重要的是要认识到咖啡中的涩感属于触感或口感的范畴,不管它的具体机制如何。人们容易将涩感与苦味混为一谈,虽然两者可能同时存在于咖啡中,但它们是截然不同的感官感受。无论如何,涩感是咖啡口感中很重要的一部分,

所以非常值得训练自己去发现它。涩感是一种在舌头表面和 /
或边缘感觉到的明显的干涩、起皱、紧缩或刺痛感。你的两
腮也可能感觉到这种涩感。

口感对我们区分和识别风味的能力产生影响。它实际上可
以影响我们其他风味感官的感知，反之亦然。例如，研究发现
黏稠度会提高酸、甜和苦的发现阈值（降低强度），同时也会增
加鲜味的强度。温度会影响我们的味觉能力。过高的温度会降
低我们的味觉能力。研究发现，我们在 22℃至 32℃的温度下
更容易察觉到蔗糖（甜味）和其他味道物质。同理，将刚冲煮
好的咖啡冷却一会儿，我们可以更好地品尝出味道。[31] 事实上，
SCA 针对专业咖啡品鉴师评估咖啡给出了相关的温度规定——
应该在咖啡降到 71℃时开始品尝第一口，在 71℃至 60℃之间评
估咖啡的一些方面（酸度、触感和平衡感），而在咖啡"接近室
温"或低于 37℃时评估其他方面（甜度、均匀度、干净度）。专
业品鉴师不应品尝低于 21℃的咖啡。[32]

口感和咖啡

咖啡的口感不仅影响我们对风味的整体感知，还影响我们对
咖啡的享受。你甚至可以用口感来帮助自己选择咖啡制作方法，

涩还是苦？

用这个练习来训练自己辨别涩感（触觉）和苦味（味觉）。

你需要准备

- 电子秤（测量精度 0.1 克）
- 明矾
- 1 升过滤水或矿泉水（无添加），大量白开水
- 浓度约 0.5% 的苦味溶液（第 033 页）
- 三个同等大小的玻璃杯

制作浓度约 0.05% 的明矾溶液。将 0.5 克明矾溶于 1 升水中，搅拌或摇晃直至明矾完全溶解。

第一个玻璃杯倒入明矾溶液，第二个玻璃杯倒入白开水，第三个玻璃杯倒入苦味溶液。分别品尝每一杯，对比舌头和口腔内部的感觉。

小提示

- 明矾一般可以在超市的香料区中找到。它用于腌制食物，所以也可能会放在腌制用品附近。如果找不到明矾，可以通过吃一根未熟的香蕉来辨别涩味。请记住，你感觉到的涩的强度和感觉到涩的部位可能是自己独有的。

- 将溶液储存在冰箱中并在几天内用完。在饮用前先放至室温。

- 明矾溶液是《世界咖啡研究感官词典》中"干涩"属性的参照物。有关这些属性的更多信息，请参见第四章。

以及根据自己的口味来调整冲煮方案。咖啡口感主要由温度、涩感、醇厚度和质地组成。当你喝咖啡时，你可能最关心的是温度和涩感问题。我们往往对咖啡的温度有自己的偏好——当天气很冷时，我们想要热一点的咖啡，而当天气炎热时，我们喜欢凉一点的咖啡。

就算在阅读本书之前你不知道什么是"涩感"，它的强烈程度也会影响你喝咖啡的体验。葡萄酒中的涩往往是一种被期待的特质，而与葡萄酒不同，咖啡中的涩通常被认为是一种不好的特征，因为它很容易在咖啡中占据主导地位。[33] 根据 SCA 的说法，涩感与咖啡豆未熟透或未充分烘焙有关，这两种情况会导致咖啡中的绿原酸浓度较高，据我们所知，绿原酸会导致咖啡产生涩感。[34] 在美国，涩也往往与咖啡萃取得不好有关。就算咖啡豆里的绿原酸含量高，那也需要水才能萃取出来。在一些冲煮方法中，例如手冲，水流有时会在浸过咖啡粉层时绕开了一些咖啡粉，并与另一部分咖啡粉接触时间过长，这就给了水萃取绿原酸的机会，从而增加了咖啡的涩感。[35]

咖啡专业人士将醇厚度（thickness）和质地（texture）合在一起称为触感（body），这是 SCA 在《咖啡感官与杯测手册》中给出的定义。[36] 根据我个人的经验，咖啡爱好者经常将"触感"和"口感"这两个术语交换使用，你可能也注意到了。在这一点上我赞同 SCA 的定义：触感只是咖啡触觉特质的表征，而且它只是口感的一个组成部分。口感（特别是咖啡的口感）包括

重和轻的触感

用这个练习来帮助你区分咖啡和其他饮料里触感的轻和重。

你需要准备

- 脱脂牛奶
- 1% 低脂牛奶
- 全脂牛奶
- 过滤水或矿泉水（无添加）
- 四个大小相同的玻璃杯

分别往玻璃杯中倒入等量的脱脂牛奶、1% 低脂牛奶、全脂牛奶和水。从每一杯中啜一口，关注你口中液体的重量。用舌头搅动液体，帮助你感受它的醇厚度。每次取样之间用水漱口。将牛奶和水进行比较可能也有帮助。你能发现它们之间的区别吗？哪个感觉最重？哪个最轻？

这些牛奶除了乳脂含量不同外，其他成分基本相同。含量百分比因国家而异，在美国，脱脂牛奶的脂肪比例在 0 到 0.5%，低脂牛奶的比例为 1%，全脂牛奶的比例为 3.25%。脂肪是一种脂质，脂质直接影响醇厚度。

小提示

- 如果你想做盲测，只需在杯子底部贴上标签，然后请朋友帮忙摆放，这样你就不会知道具体每个杯子是哪个了。

- 如果要进行更极端的比较，可以将稀奶油（10.5% 到 18% 乳脂含量）加入溶液中。*

- 对于纯素食读者，可以用罐装椰奶做这个练习。充分摇晃罐子，使椰奶均匀，然后将椰奶平均地倒入两个量杯里。一杯放在一边，这是你的全脂参照物。用等量的水稀释第二杯（1 份椰奶，1 份水），这是你的半脂参照物。将混合液倒一半到第三个杯中。用等量的水稀释该混合液（1 份混合液，1 份水），这是你的低脂参照物。

温度、涩感、醇厚度和质地。

让问题更加复杂的是，醇厚度和质地这两个术语是模糊的。我的理解是，质地是描述触觉特质的广义术语，而醇厚度则是一个子类别，与咖啡的"重量感"（weight，咖啡行业使用的另一种隐晦的说法）或"黏稠度"（viscosity，科学界使用的与流速有关的术语）相关。但在咖啡行业，醇厚度和质地通常被分开看待。我简单地阐释一下：醇厚度描述的是咖啡在口腔里的感觉有多接近水，口感越接近水的咖啡就越"薄"或"轻"，口感越像水加了其他东西，就越"厚"或重；而质地描述的是喝咖啡时的所有其他触觉感受。

最大的挑战是对质地的描述，我们想找到一些词来表达，但最终只能拐着弯儿来表达。感觉往往就是这样，能看见的东西就已经很难描述了（你如何向别人描述蓝色？），更何况看不见的东西。语言是一种不完美的媒介，最终我们会将这些术语都混淆，包括那些具有特殊科学定义的术语。在第 079 页，我改编和重新命名了学术论文《质地是一种感官属性》中一份关于流食描述用词的表格，将重点放在描述咖啡口感的术语上，并给出了一些具体的定义。[37] 我尽量在"注释"栏提供必要的知识背景，以补充说明科学术语与咖啡术语之间的差异。目前还没有详尽的常见咖啡口感术语词典，[38] 所以强调一下，这些定义是基

---

* 在《世界咖啡研究感官词典》中，1% 低脂牛奶和稀奶油可作为油脂感属性的参照物。

于我自己在实际生活中听到和用到这些术语的经验。也许有一天我们会有系统的词汇表！在这之前，我希望这张表能帮助你更准确地描述出咖啡口感。

咖啡的触感（醇厚度和质地）是由浮在咖啡中的不溶性固体颗粒（不能被水溶解的化合物）产生的。其中一种固体颗粒被称为多糖（碳水化合物分子，如纤维素、半纤维素、阿拉伯半乳聚糖和果胶），它们太大所以无法溶解。相反，它们"展开"并浮在咖啡中。有些植物物质太大了，在冲煮过程中，我们会看到它们，它们被称为细粉，在沉淀后被称为沉积物。这些是非常细的咖啡颗粒，是磨粉时的副产品。还有一种影响触感的重要元素是脂质（甘油三酯、萜烯、生育酚和固醇）。通俗地说，咖啡油脂就是脂质的一个形式。脂质是疏水的，这代表它们无法在水中溶解。但它们可以乳化，就像多次摇动或搅拌沙拉酱能使油充分与酸和其他成分结合一样。在其他化合物的帮助下，咖啡油脂可以像沙拉酱中的油一样，在咖啡中保持稳定。在浓缩咖啡中，油脂表现得非常明显，滴滤咖啡也含有悬浮油脂，尽管可能没有那么完全融合。你有没有见过咖啡表面上浮着一层发亮的油膜？脂质为咖啡带来丝滑和油腻的质地。[39]

总的来说：咖啡中的悬浮物越多，我们的口腔就越能感觉到它们的存在，喝起来也就越不像水。

咖啡豆的品种、处理法和烘焙，在一定程度上都会影响口感。例如，罗布斯塔咖啡豆往往比阿拉比卡咖啡豆密度更大、

咖啡口感描述词汇

SCA/ 咖啡类别	口感				
	触感			涩感	温度
	醇厚度 / 重量	质地			
科学类别	触感、 黏稠度	软组织表面 感觉	口腔覆盖	化学反应	温度
典型 咖啡 属性	·醇厚 / 重 ·薄 / 轻 / 茶感 / 清爽	·顺滑 ·粗糙 / 颗粒感 / 沙粒感 ·奶油感 ·果汁感 ·圆润的	·油脂感 / 黄油状 ·口腔黏 腻感 ·悠长 ·干净	·涩 ·干 ·刮口 ·粉末感 ·粉状	·热 ·冷
注释	科学上会区分黏稠度和触感。在咖啡中，两者的区别比较模糊。根据我的经验，"浓"和"淡"都是形容不好的咖啡的，而"重"和"轻"则用来描述符合人们期望的咖啡。但它们都用来形容咖啡的醇厚度	根据我的经验，奶油感用来描述一种圆润、顺滑、柔软的感觉；果汁感用来描述一种唾液分泌增加的感觉。这两个词与科学术语定义一致，但咖啡中的这些质地比在乳制品或果汁中的要微弱得多。圆润是你可以感受到咖啡同时存在于舌头和口腔各个部位的感觉	根据我的经验，油脂感、口腔黏腻感和余韵是相辅相成的。含油脂的咖啡容易留下残留物，因此口腔黏腻感和悠长形成了咖啡的余韵。"干净"是用来形容与"油脂感"相反的感觉，即口腔没有黏腻的感觉	这些术语也经常用来描述余韵。这是合理的，因为涩感的化学效应会持续存在。新的研究表明，涩可以有不同的特质，这就是我把所有这些术语都放在这里的原因。例如，我不确定是不是所有人都会把粉末感与涩感联系起来，但我确实会	谢天谢地，简单明了

脂质更少，因此罗布斯塔咖啡豆的口感会更重、更粗糙。日晒处理法的咖啡豆在采摘后的风干过程中，咖啡樱桃肉会留在咖啡豆上，这种咖啡豆的触感往往比水洗咖啡豆更厚重，这可能是由于处理法对多糖的影响。[40] 另外，烘焙会分解咖啡豆中的物质释放更多的油，这代表着烘焙时间较长、烘焙度较深的咖啡豆会比浅烘咖啡豆触感更厚重。[41]

但对触感影响最大的是冲煮方式。这是因为有些冲煮方式会让不溶性物质进入最后的咖啡液中，而有些则将它们隔在咖啡液外。对于手工咖啡来说，这主要取决于所使用的滤器类型。例如，法压壶有一个相对开放的金属滤网，允许更多悬浮化合物进入，而 V60 或 Chemex 等器具使用滤纸，可以隔掉许多这类化合物。因此，法压壶做出来的咖啡往往比用滤纸做的咖啡触感更重。煮的咖啡，例如土耳其咖啡（ibrik/cezve），将咖啡和水一起煮沸来萃取风味，往往会产生大量悬浮颗粒，从而形成特有的厚重、颗粒感。还有，浓缩咖啡通过压力来使脂质乳化，不仅会产生奶油感，还会带来厚重的油脂触感。

当你喝咖啡并评估口感时，想想薯片的例子（见第 070 页）：我们对口感的印象通常与预设期望值有很大关系。如果你买了一杯浓缩，它本该是浓郁、有油脂感的特质，那么一杯稀薄的、清汤寡水的浓缩可能会让你失望，因为它没有达到预期。同样，如果你点了土耳其咖啡，却怪它喝起来没有 Chemex 的口感，那么朋友，这就是你的错，而非咖啡的错了。换句话说，在触感这个问题上不存在柏拉图式的理想标准，预期是关键。

在触感这个问题上

不存在柏拉图式的理想标准，

预期是关键。

当然，个人口味也是一个因素，只要了解自己的喜好，就可以选择符合自己口味的冲煮方案。就触感而言，存在很大的变数。至少在我的圈子里，咖啡专业人士倾向于推崇所谓口感干净的咖啡（指悬浮颗粒和油脂含量较少的咖啡），而对法压壶翻白眼，觉得法压壶做的咖啡醇厚度和质地"低人一等"。实际上它并不差，只是不同而已。不要被别人误导了。

还有一个复杂因素——触感表现是一杯咖啡萃取不足或萃取过度（两种极端状态的咖啡）的迹象之一。萃取不足的咖啡往往像水一样（因为水萃取化合物的时间不足），萃取过度的咖啡往往令人感觉很浓稠（因为水萃取化合物的时间过长）。但触感只是衡量不正确萃取的多个迹象中的一个。萃取不足的咖啡往往香气和风味都比较弱，并且可能会很酸。萃取过度的咖啡除了令人感觉浓稠，经常会带有强烈的苦味和涩感。也就是说，在做评估时，必须考量整体，而不是只看个别部分。

整合在一起：风味和咖啡

我们已经逐一讨论了构成风味的感官感受，那我们对风味的感知是如何发生的呢？从根本上说，大脑会同时综合味觉、嗅

触感探索

通过这个练习，你可以将学到的重和轻的触感（第 076 页中）直接应用到咖啡中。

你需要准备

- 自选咖啡粉

- 法压壶

- 使用滤纸的手冲器具（例如 V60 和 Chemex）

- 过滤水或矿泉水（无添加）

分别用法压壶和滤纸器具冲煮咖啡。安排好时间，让它们在同一时间冲煮好，或者用一个保温瓶保温，这样你就可以在同样的温度下品尝。或者去咖啡馆里买这两种咖啡。分别品尝比较它们的触感，再和水对比。你有什么发现？使用第 079 页表格中的术语描述醇厚度和质地。

小提示

- 条件允许的话，请同时将多杯咖啡对比喝。你喝的咖啡种类越多，就越能分辨出咖啡的触感。如果有机会去旅行，可以寻找一些在你的城市不常见的冲煮方法，并刻意地去注意咖啡的触感。

觉、触觉等感官输入，从而形成一个复杂的整体印象，其中每个组成部分都很难从整体中分离出来。这个整体就是我们所认知的"风味"。正如神经科学家戈登·M.谢泼德所描述的，"大脑通过主动创造模式来感知风味"，然后将这些模式与特定含义关联起来。[42] 风味的含义包括：有营养的、危险的、令人愉悦的、令人不快的。这些含义可以被快速存储、回忆，也可以被操纵。

正如我们所见，我们的每种感官感受都是始于某种受体，受体接收信息，通过一系列反应将信息传递到大脑。通往大脑的路径各不相同，但它们都在同一个地方会合：眶额皮质——额叶的一部分，就在我们眼窝的上方（又称"眼眶"）。谢泼德认为，这也许说明了那里是感官输入的结合点，也就是识别风味的地方。这个区域的细胞还与大脑中涉及情感、灵活学习、记忆和奖励决策的部分有联系。在我们对风味做出反应时，这些都参与了进来：我们喜欢吗？对我们是好是坏？我们以前尝过吗？会导致不愉快的结果吗？会让我们想起以前吃过的东西吗？我们应该继续吃吗？[43] 我的理解是，风味的存在是为了得到回应。

关于风味最有趣的事情之一是，尽管我们理性上知道它由多个部分组成，但它给人一种独特而单一的印象。说风味是味觉加嗅觉加触觉的总和有些过于简单。所有这些感官感受相互作用，相互影响，在某些情况下还会相互转化，共同形成我们称之为风味的感知。这被称为多重感官整合。如果你读了谢泼德的《神经美食学》(Neurogastronomy)——我希望你读过，你会发现书里面有很多例子说明了风味不仅仅是几个部分的总和。我在这里简单讲几个概念。

首先是协同刺激，即同时体验两种感觉，如味觉和鼻后嗅觉。如果你完成了第 063 页的练习，就亲身体验过这一点了。当协同刺激发生时，它激活的大脑区域比每个单独体验刺激到的区域的总和还要大。

有时，这些感觉会"融合"在一起，例如我们以为自己闻到了某种口味（"这杯咖啡闻起来很甜"），但这在生理上是不可能的。还有些情况下，不是两种刺激被两种细胞同时检测到——有些细胞其实会同时对两种刺激做出反应，例如，一些味觉细胞会对质地和温度（口感）做出反应。[44]

有时，感觉会相互影响——我们在本书里已经简单地提过这一点。例如，黏度（我们的触觉）会受基本味觉的影响："甜味会使黏度增强，酸味会使之减弱，苦味对黏度没有影响。"[45]

有时，不同的感官刺激会相互增强。当两个或两个以上的刺激一起被感知时，会产生一种完全不同于单独体验每种刺激时的感知。同感增强指的是发生在两种相似刺激之间（如两种基本味道）的增强，而跨感增强发生在不同感官刺激之间（如味觉和嗅觉）。例如，研究表明，当同时体验两种分别低于人类感知阈值的混合在一起的味道时，人会突然同时察觉到这两种味道。同样的情况也发生在一些味道和气味之间，它们必须相互"补充"。[46] 这就解释了一个前面提到的情况，即为什么虽然咖啡中所有的潜在甜味物质实际上都低于人类的感知阈值，但我们仍能

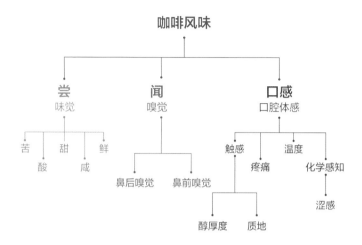

咖啡的风味指包括味觉、嗅觉，以及口感（触觉）在内的综合体验。

尝到咖啡中的甜味。 也许味觉物质和嗅觉物质在相互增强。

　　谢泼德创造了"人脑风味系统"一词，用来描述大脑中生成风味的各个部分和过程。[47] 他建议我们将这一系统分为两个阶段。 第一个阶段是所有的感觉系统，它们接收包括嗅觉、味觉、体感等的感觉输入并将其组合成风味。 这些结合在一起，就形成了谢泼德所认为的风味"大脑气味图像"。[48] 第二阶段是大脑中对风味做出反应的其他部分，"利用人类大脑系统的全部能力来产生并控制我们的行为。"[49]

　　记住，从生物学的角度来看，风味是一整套的信息包，其中有些是天生的，有些是后天习得的。 它告诉我们的大脑如何对放入嘴里的东西做出反应。 即使与其他哺乳动物相比，人类大脑中负责发现、处理和合成风味的部分也是非常庞大的，这说明风味在我们物种的生存中，发挥了至关重要的作用。在生物学方面，大脑对风味巨大的处理能力确实是人类独有的。而对本书来说最重要的是，我们表达和欣赏风味的能力也是人类独有的。为了更进一步地理解这一点，我们应该看看风味、情感和记忆是如何相互关联的。

风味、情感和记忆

在上一节中，我简单地提到了所有的感官感受输入路径都通向眶额皮质，这部分大脑的细胞与边缘系统相连，边缘系统负责处理情感、记忆、灵活学习和奖励机制。从生物学上来看，这一切都可以归结为动机：为了满足我们身体的需要，大脑必须产生对饮料或其他食物的渴望。在情感上，我们将动机或缺乏动机解释为喜欢或不喜欢某样东西。如前所述，科学上用的术语是"享乐价值"，即我们认为某件事情愉快或不愉快。因此，至少在某种程度上，我们的情绪会促使身体摄入生存所需营养。

有趣的是，研究表明我们对基本味道的快乐反应是天生的——甜味令我们产生愉快的反应，苦味令我们产生不愉快的反应，等等。[50] 但风味似乎远不止如此。我们都体验过饮料或其他食物触发情感的力量。它能让我们笑，也能让我们反感；它能让我们大吃一惊，还能唤起与情感息息相关的记忆。

例如，你有没有这样的经验：一闻到什么气味，就唤起了对特定时间地点的记忆？你可能甚至都说不出这是什么味道，但脑海中却闪现出昔日的生动场景：在康尼岛度过的一天、小时候的沐浴时光、父母房子后面的森林。这种现象并非偶然。我们之前通过解剖学探讨过这点，香气和记忆密切相关。回想一下，香气首先由我们的嗅球处理，嗅球是我们前脑的一部分。嗅觉系统是唯一直接向前脑发送信息的感觉系统。然后，信息被快速传递到边缘系统，具体来说是杏仁核和海马，它们负责记忆和情绪。[51]科学家认为，其他感觉都要先经过丘脑，也就是大脑中枢深处的中继站先进行处理，而香气则绕过了丘脑。这种更直接的路径使得香气与记忆更加紧密地交织在一起。[52]

通常，一种气味首先会触发一种情绪，然后唤起记忆（有时只会唤起情绪）。这些记忆往往非常具体。例如，我在为这本书做研究时使用闻香瓶，我对其中一种香味觉得非常熟悉，它让我想起了中学时的骑马课，以及我和朋友们爬上干草捆，从上面俯瞰操场的情景。我已经很多年没想起过那段时光了。那个香气原来是稻草的味道。[53]

我们会在第四章中了解到，记忆和情感会在你培养味觉的过程中发挥重要作用。我们将努力创造香气和风味体验（记忆），以便你以后更容易回忆起它们。当你尝试辨别咖啡的感官属性时，你可以利用自己的记忆来找出线索。

是什么影响了咖啡的风味？

关于影响咖啡的味道、香气和口感的化合物，我们还有很多东西需要了解。有人说影响咖啡风味的化合物有上千种。到目前为止，我们所讨论的只是咖啡豆复杂性的冰山一角。

尽管人们研究咖啡的感官属性已经有一百多年了，并且已经鉴定出许多化合物（不是全部），但还没有大量研究能将特定化合物与咖啡中特定的感官特质全面联系起来。除此之外，大多数现有研究集中在一种类型的咖啡上——特定的品种、处理方式或原产地，因此，我无法提供化学物质和相应风味属性的全面视图或详细列表。[54] 即使有，刚刚我们也已了解到，风味的核心是多感官整合，即风味是由各个感官属性相加形成的。至于化合物如何结合在一起形成咖啡中的风味，我们知之甚微。[55]

话虽如此，我们确实知道咖啡风味化合物受多种因素影响，包括基因、产地、处理法、烘焙、冲煮和饮用方式。下面让我们全方位了解一下影响咖啡风味的因素。

基因

每个豆种里的化学成分让咖啡豆具有一些自己的特征。确切的化学成分首先取决于品种。最常见的两种咖啡豆是阿拉比卡和罗布斯塔。例如，阿拉比卡咖啡生豆（最常用的精品咖啡豆）的典型化学成分有：

- 多糖（约 50.0%）

- 脂类（约 16.0%）

- 蛋白质（约 10.0%）

- 低聚糖（约 8.0%）

- 绿原酸（约 6.5%）

- 矿物质（约 4.2%）

- 脂肪酸（约 1.7%）

- 胡芦巴碱（约 1.0%）

- 咖啡因（约 1.2%）[56]

另一种常见的咖啡品种罗布斯塔具有不同的化学成分，许多精品咖啡专业人士（至少在西方）历来认为它的化学成分不太理想，具有粗糙、苦味、烧焦味和橡胶味的特质。* 从化学角度来说，罗布斯塔豆咖啡因含量更高（可能导致其味道更苦）、脂质更少且绿原酸更多（也可能导致其苦和涩）。

其次，不同品种的咖啡有不同的基因组成。精品咖啡中有数十种阿拉比卡咖啡豆品种，此时此刻还有新的杂交品种正在不断研发。你大概率在咖啡包装袋上看到过这些品种名称：波旁、铁皮卡、卡杜拉、K7、马拉戈日皮、SL32 等。你可以把这些

---

* 这种观点已开始改变。在精品咖啡领域，有支持罗布斯塔的人士认为，如果罗布斯塔在种植和处理过程中得到同样的精心呵护（通常得不到），那么它也可以达到与阿拉比卡一样的高品质。

品种中的混合化合物想象为原材料，它们是味道物质、气味物质等的起点，最终会对我们的感觉系统产生作用。这种原材料的潜在特质取决于咖啡豆的种植方式和产区、处理方式、烘焙方式以及冲煮方式。但基因是一切的开始。如果某个味道的潜在特质（即风味！）不存在于基因编码中，那么在以后的任何阶段都无法弥补。但你可以在后续的任何一个阶段破坏潜在特质（即风味！）。[57] 你还可以努力地在每个阶段释放出最佳特质。由于影响咖啡风味的因素很多，我们很难概括出不同的咖啡品种和风味。但在下一章中，我会分享一些有关咖啡品种与风味特征的公认看法。

产地和处理法

咖啡的产地、种植、采摘和处理法都可以帮助生豆发挥其最大的潜能，反之亦然。这一切都始于咖啡的种植，咖啡樱桃果（包括包裹咖啡豆的果肉）的发育过程决定了咖啡的复杂性。[58] 研究表明，相较于未成熟的果实，成熟的果实中酚类化合物的浓度较低（这意味着涩感较少），挥发性化合物的浓度较高（这意味着香气更多）；因此，咖啡果实必须在最佳成熟度时采摘。

环境和农业因素，如地理位置、气候、海拔、具体温度、阳光、肥料等都会影响咖啡的潜在风味特征。从这个角度看，咖啡和其他农产品是一样的。就拿葡萄酒行业来说，人们普遍认为葡萄的产地会影响葡萄酒的风味。人们对葡萄酒中的这些元

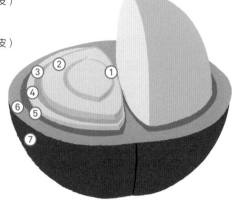

咖啡果实解剖图
1 中心切口
2 咖啡豆（胚乳）
3 银皮（种皮、表皮）
4 羊皮层（壳、内果皮）
5 果胶层
6 果肉（中果皮）
7 外皮（果皮、外果皮）

素研究得非常透彻，品酒大师只要闻闻和尝尝，就能知道葡萄的生长地区。但对于咖啡，我们还做不到这种程度。

处理法，即果肉如何从咖啡豆上剥离以及咖啡豆如何干燥，对风味有很大影响。首先，如果处理过程出现问题，咖啡就会有异味或瑕疵味。此外，生产商选择的处理法也会赋予咖啡豆独特的风味特征。咖啡豆的处理法主要有两种，会各自对风味产生不同的影响。

一般来说，湿处理法（也称为水洗处理法）是指在咖啡豆干燥之前，先将果肉和咖啡豆（种子）分离。先用机器打掉外皮和果肉，通常咖啡豆要经过发酵，然后用水洗掉上面残留的果肉，最后将咖啡豆晒干。干处理法（也称日晒处理法）是将豆子连同果肉先一起干燥，然后去除果肉。（还有一种介于两者之间的处理法，在咖啡豆晒干时只保留部分果肉，这种处理法叫蜜处理法。）

生产者采用哪种处理法往往取决于他们所处的地理位置。例如，缺水的地方使用干处理法。当然，在湿度较高的国家采用日晒处理法也具有挑战性，因为空气中的水分会导致干燥时间过长和果实变质。

去除果胶层的过程会产生风味化合物。如果咖啡经历过发酵阶段，参与分解咖啡果部分的酶和酵母会产生额外的风味化合物（但发酵失误的话也会产生化学味道和其他异味）。[59] 一些生产商开始尝试在发酵过程中加入各种酵母菌和乳酸菌来激发令人愉悦的风味，但这一做法尚未有深入的科学研究。[60]

日晒处理法的咖啡带有果香，人们认为是因为干燥时果肉和咖啡豆之间发生了化学反应，所以经过精心处理的日晒咖啡具有独特的水果风味。[61] 有时，日晒咖啡被批评为"乏味"，也许是因为大多数日晒处理法咖啡具有相似的水果风味（通常是干水果风味，见第 119 页）。但另一方面，对于那些从未尝试过的人来说，日晒咖啡往往会让人感到惊艳和大胆。许多咖啡专业人士都是在喝了第一杯日晒咖啡（通常是日晒埃塞俄比亚，喝起来有蓝莓的味道）后受到启发，开始去了解咖啡。

水洗处理法的咖啡往往会突显咖啡豆本身固有的化合物。它们通常被描述为"干净的"。[62] 研究表明，与日晒咖啡相比，水洗咖啡往往具有更高的酸度、更轻盈的口感和更多的香气。[63]
日晒咖啡则往往甜而顺滑，触感厚重。虽然尚未找到风味产生的所有科学原因，但我敢打赌你的舌头已经能区分日晒咖啡和水洗咖啡了。

烘焙

烘焙可以最大化地体现或减弱咖啡豆的潜在特质。烘焙过程中会发生许多化学反应，进而改变或转化咖啡中的风味化合物。感谢恩赐。如果你将生豆磨成粉状并萃取，会得到一种带草本味和涩感的咖啡。烘焙将咖啡豆里的化合物转化为令人愉悦的味道，并使咖啡豆更易溶解，这样我们就可以用水冲煮咖啡去萃取出风味化合物。[64] 事实上，咖啡生豆中含有的约 200 种挥发性化合物，经过烘焙后会转化为超过 1000 种挥发性化合物。[65]

烘焙后，胡芦巴碱和咖啡因几乎毫发无损，但糖、氨基酸、多糖和绿原酸明显减少，脂类和有机酸略有增加。[66] 许多化合物通过热反应发生变化，其中一种是美拉德反应，也就是蔬菜和肉类在烹饪过程中出现烤焦的美味的那种反应。引用一篇科技论文的说法，美拉德反应的分子产物（称为"蛋白黑素"）很大程度上是"未知的结构"。[67] 我们只知道这种反应会产生大量二氧化碳和一系列挥发性化合物，形成咖啡中特有的香气（从而影响风味），并让咖啡呈现棕色。[68]

在烘焙曲线中，时间和温度会影响咖啡的风味。但请记住一点：烘焙并不能对咖啡豆施魔法，让它产生本来不具备的风味特质。技艺再精湛的烘焙师也无法仅通过烘焙将低品质的咖啡变成高品质。然而，烘焙师可以抹杀咖啡豆的潜在风味。

一般来说，低温短时间烘焙的咖啡豆（通常称为"浅烘"和"中烘"咖啡）强调豆子本身的自然特质。它们具有复杂的香气和风味（也就是说你可以同时闻到和尝到多种风味特征），这些味道多种多样，从果味和花香到坚果味和巧克力味都有。高温长时间烘焙的咖啡（通常称为"深烘"咖啡）往往突出烘焙过程本身产生的极端味道，如"焦味/刺鼻味、烟灰味/烟熏味、酸味、刺激味、咖啡味和烘烤味"。[69] 这些烘焙特质往往会掩盖咖啡豆本身的那些风味。

如果你想培养自己的味觉，探索各种各样的咖啡口味，那么只喝深烘咖啡是远远不够的。那些"传统"咖啡烘焙公司喜欢做深烘。那家非常受欢迎的咖啡公司呢？与使用现代烘焙技术保留咖啡豆原本特质的烘焙相比，他们的"黄金烘焙"顶多算深烘偏浅。当然，喜欢哪种咖啡属于个人喜好。但是，如果你想品尝各种风味，那就需要尝试以各种技术烘焙的咖啡。

各个国家有自己的咖啡偏好。一般来说，法国和意大利倾向于生产传统烘焙的咖啡。美国、英国、澳大利亚、日本和部分北欧国家，则在培养现代烘焙技术咖啡文化，但这只是冰山一角。

冲煮和饮用

烘焙咖啡的研磨、萃取和饮用方式对我们在一杯咖啡中感受到的最终风味有着巨大的影响，尽管整个过程只有短短几分钟。这些我们在前文已经稍微提到过，我在此处总结一些要点。

让我们回想一下，冲煮咖啡这个过程实际上在做什么：我们将烘焙后的咖啡磨成粉，和水混合在一起，将咖啡中的风味化合物（固体）转移到水（液体）中。这就是我们所说的萃取。萃取分三个阶段进行。首先，咖啡粉吸收水，这点很重要，因为咖啡粉打湿得越均匀，就萃取得越均匀。通常，冲煮者会先将咖啡粉床打湿，以便吸水。一些冲煮方式如注水法，因为气体被排出，咖啡粉床会产生气泡，这就是所谓的闷蒸。有些意式咖啡机具有预浸泡功能，相当于闷蒸功能。接着，可溶性风味化合物从豆子转移到水中。（水充当溶剂，可溶性化合物溶入水中，[70] 而不溶性化合物则悬浮在水中。）然后，水和咖啡粉彼此分离。最后，你得到了一杯咖啡，液体里面含有可溶性化合物、油（不溶性化合物）和细小的咖啡颗粒（也是不溶性的）。这三者一起构成了咖啡的风味。

回想一下第一章，不同的挥发性香气化合物在喝咖啡的不同阶段释放出来，这些化合物在风味方面发挥着巨大的作用。化合物从咖啡豆中被萃取出来，并在水和热的作用下以不同的方式和速度发生化学反应。有些化合物易溶解，先被萃取出来。另一些化合物溶解度较低，萃取速度也较慢。咖啡的感官属性最终受到以下因素的影响：（1）被萃取的化合物的类型，（2）将化合物转化为不同化合物的化学反应，以及（3）咖啡中每种化合物的含量。

请记住，科学并没有明确地解释这一切是如何发生的，许多约定俗成的观察结果未被科学证实。尽管如此，萃取率确实会影响咖啡的感官特质。

萃取百分比（PE，也称为萃取率）是科学测量萃取的方法。它是最终冲煮出来的咖啡物质的量（质量）与冲煮之前的咖啡粉（粉量）之间的比率。研究表明，一般来说，萃取率在18%到22%之间的咖啡口感会比较好。从感官角度来看，萃取率低于18%的咖啡（"低萃取率"或"萃取不足"）喝起来酸甜，而萃取率超过22%的咖啡（"高萃取率"或"萃取过度"）喝起来苦涩。[71]

然而，这些客观的数字并不总能准确地反映或预测出一杯咖啡中的各种感官特质，更多的特质我们将在第四章中讨论。而且，两杯萃取率相同的咖啡味道可能会有很大不同。你应该还记得，感官属性只能通过感官评估来测量，而感官评估靠的是人类的感受。当然，评估的目的是找到感官特质的良好平衡，咖啡专业人士通常将拥有这种特质的咖啡描述为"良好萃取"或"均匀萃取"的咖啡。

如果你读过我的第一本书，你就会知道可以通过一些方法来改善萃取，找到完美的平衡。影响化合物如何及何时萃取的主要因素有六个，其中前三个因素是相互关联的。简而言之，这些因素中的任何变化，都会影响冲煮好的咖啡的最终化学成分，进而影响其感官特质。[72]

· 温度

热水对萃取有两方面的影响：一是加速化学反应，二是增加某些物质的溶解度。一般认为，冲煮咖啡时水的理想温度为91℃至96℃。但冷萃咖啡越来越受欢迎。冷泡需要更长的时间（几小时而不是几分钟）来完成萃取，并且萃取化合物的方式不同。同样的咖啡，热水冲煮和冷萃会形成不同的化学组合，因此呈现出不同的感官特征。普遍认为，水温过高会萃取出过于苦涩的化合物，从而降低感官特质给人带来的愉悦感。[73]水温过低则可能会导致萃取不足（如果咖啡与水接触的时间不够长的话）。

· 研磨度

当咖啡豆的表面积增大时，水更容易萃取可溶性物质。你无法从整粒咖啡豆中萃取大量化合物，需要将咖啡豆进行研磨以增加表面积。也就是说，研磨度（颗粒大小）越细，就越好萃取。一般来说，使用极细研磨度的冲煮方法所需的冲煮时间较短，反之亦然。咖啡专业人士强调，研磨均匀是非常重要的。即使使用最好的磨豆机，也会出现不均匀的颗粒。每种研磨度都有自己的冲煮时间。人们普遍认为，尽量减少这种不均匀，有助于增强一杯咖啡的感官特质。粗研磨度可能会导致萃取不足，过细的研磨度则可能会导致萃取过度。

· 时间

指咖啡和水的接触时间。我们刚刚讲过，冲煮时间与温度和咖啡粉研磨度密不可分。根据我的经验，大家普遍认为一些化合物会在一开始时被萃取出来，另一些化合物则会稍后被萃取出来。在我的第一本书中，有一个练习证明了这一点。实践证明，酸性和甜味的化合物会先被萃取，而苦味和涩味过重的化合物后被萃取。有一些快速冲煮方式会导致萃取率低，咖啡往往呈现出酸性和甜味，而时间过长的冲煮方式会导致萃取率高，咖啡往往呈现出苦味和涩感。这两种方式做出来的咖啡中，与基本味道相关的化合物都不均衡。根据 SCA 的说法，研究表明"只有非常基本的证据证明萃取物中特定类型的化合物与萃取时间有可靠关系"[74]。换句话说，在化学层面上实际发生的情况可能更为复杂，不只是时间长短那么简单。

· 水质

一直以来，人们都知道有异味的水会做出有异味的咖啡。不过，水的化学成分也有影响。水中的化合物，尤其是含钙、镁和钾的化合物会影响萃取，水中必须含有这些类型的化合物，咖啡才能获得良好的萃取。你应该知道不含矿物质的水（蒸馏水）萃取效果不佳，会导致咖啡味道差。同样，含大量矿物质的硬水也会导致冲煮不理想。 克里斯托弗·亨登（Christopher Hendon）是研究水质对咖啡影响的领军人物之一。 他与咖啡师麦克斯韦·科隆纳-达什伍德（Maxwell Colonna-Dashwood）共同撰写的《咖啡之水》（*Water for Coffee*）一书探讨了水质对咖啡风味的影响。

· 水粉比

水粉比是咖啡水量与粉量的比例。 我们知道，这个比例极大地影响了咖啡最后的浓度。 浓咖啡的咖啡物质浓度高，淡咖啡则咖啡物质浓度低。 正如我们在第三章前文中提到的，浓度与触感相关。 浓咖啡往往醇厚度饱满，而淡咖啡往往醇厚度较薄。

· 萃取压力

压力是推动水穿过咖啡粉层的动力来源。 你推动水流的压力越大，就越能在短时间内发生更多的萃取。 压力还会改变咖啡的物理特质。 例如，就浓缩咖啡而言，压力会将咖啡油乳化到液体中，形成浓缩咖啡上面那层独特的油脂。

我们之前提到过，冲煮方式也会对风味产生巨大影响，因为它与口感有关。 常见的冲煮方式可分为三类：煎煮法、浸泡法和压力法。

· 煎煮法

这种方法要求咖啡粉和水持续接触一定时间，通常是在高温下。与其他方法相比，这种方法的萃取速度更快，但需要使用沸水让咖啡粉直接接触高温，或延长冲煮时间。这可能会导致萃取出不好的风味并损失芳香物质，也就是风味流失。同时，这种冲煮方法时间越长浓度越高。[75] 煎煮法包括沸煮法、土耳其壶、渗滤壶和虹吸壶。

· 浸泡法

这种方法是让热水或冷水穿过松散的咖啡粉床，从而缩短接触时间，分段注水，然后进行过滤。有趣的事实是："浸泡"一词来自拉丁语动词"infundo"，意思是"浇灌"。因此，这些方法更常用的术语是"手冲"。一般来说，与煎煮法相比，这种方法冲煮的咖啡更为温和，酸度和风味更为突出。[76] 使用浸泡法的咖啡有滴漏式 / 过滤式咖啡（手工方式如手冲，还有自动滴漏式咖啡机）。

· 压力法

这种方法需要借助压力和热力，让水流过压实的咖啡粉层（通常称为咖啡粉饼）。人们最熟悉的用压力法做出来的咖啡是意式浓缩，但压力法还包括压滤法（如法压壶和爱乐压）和摩卡壶。与其他方法相比，用压力法制作的咖啡触感往往更醇厚。正如我们讨论过的，极高压力赋予了意式浓缩非常独特的浓稠浆状的口感和表面的油脂。它还能做出具有强烈香气和浓烈（浓郁）风味的咖啡。事实上，由于压力放大了感官特质，咖啡豆中不好的味道也无处可藏，会在浓缩咖啡中被放大，这就是完美意式浓缩一杯难求的原因之一。这种高压萃取化合物的方式似乎完全不同于其他方式，因为用意式咖啡机和滴漏式咖啡机做同一款咖啡，出来的感官特质有很大不同。此外，意式浓缩顾名思义是要立即享用的（在意大利语中，"espresso"这个词的意思是"即刻"或"即兴制作"）。立刻喝掉是有原因的：当意式浓缩被放置一段时间没有立即品尝时，其化合物很快就会开始发生变化，最明显的变化就是油脂减少和酸度增加。[77]

在这些分类中，不同的冲煮方法会使咖啡产生不同的感官特质，同一种咖啡用不同的设备冲煮也会产生不同的感官特质。[78] 我们可以合乎逻辑地得出结论，这是因为每种方法都会对第 097—100 页所列的六个因素进行不同的组合。但还有其他因素在发挥影响。如前所述，使用的滤网（如果有的话）类型对冲煮结果影响很大，因为滤纸可以隔绝冲煮过程中的大部分不溶性化合物，如细粉和油脂，而金属滤网（或没有滤网）则会让不溶性化合物进入最终液体。这对触感有很大影响。这些不溶物也会影响其他感官感受。有关不同冲煮方式的详细解释，请参考《咖啡的最新发展》（*Coffee: Recent Developments*）一书中的《技术四 冲煮方案：新千年的冲煮趋势》一章。

我们该如何体验咖啡

我们知道，品尝一杯咖啡会获得多重感官体验。在这个问题上我想再强调几点。首先，没有一个单一的味道叫作"咖啡"。诚然，如果你蒙上眼睛喝一杯咖啡，你不太可能会把它误认为其他东西，但它包含了数百种味道和芳香分子，其中许多分子科学甚至还没确定，这就形成了一种复杂、多层次的体验。特别是现代的处理法和烘焙技术都致力于保留咖啡豆原本的特质，咖啡中有无限的风味在等待被发现。

话虽如此，接下来第二点是，当你开始仔细品尝咖啡时，你也许只能用"好喝的咖啡"或"不好喝的咖啡"来形容它。你可能无法真正品尝到别的什么风味描述。没关系。那个被称为味觉的东西，是你的感觉受体与大脑的连接，它和其他技能一样，是需要训练和实践的。

最后，你和别人的喝咖啡体验可能不一样。你和朋友喝同样的咖啡，可能会有一个人喜欢，而另一个人不喜欢。那也没关系。咖啡风味的迷人之处就在于，很多因素会影响我们对咖啡味道的感知。让我们回顾一下影响一个人咖啡感官体验的所有因素。

· 咖啡的化学和物理特质（产品）

这些是咖啡中可测量和分析的化合物，例如咖啡豆中含有的味道和芳香分子，以及引起化学反应、温度、质地和颜色变化的化合物。这些特质根植于咖啡豆种的基因，使其具有特定的感官特征。这些特征可以通过咖啡豆的种植、处理、烘焙和冲煮方式来塑造。

·你的咖啡饮用方式（行为）

人们喝咖啡的方式各不相同，这会影响人们对上述感官特质的感知。包括喝多少口、如何呼吸、如何在口中搅动咖啡、如何吞咽等。

·你的神经和生理结构（大脑／身体）

我们的基因在某种程度上决定了我们感觉受体的物理特质、它们如何向大脑传递信息，以及大脑如何读取这些信息。例如，有些人对苦味和甜味的感知比其他人更强烈，有些人可能无法感知某些香气（这种叫嗅觉缺失）。这种复杂的感官沟通和感知系统可归结为两点：一是我们的神经系统是如何连接的，二是我们的身体各部分的功能（也称为生理学）。

·你的心理学和社会学状况（生活经验）

你的过往经历、所处文化环境、情绪等都会影响你的咖啡体验。某些香气可能会唤起记忆，从而影响你对味道的感知。你对某种味道的接受程度，会影响你的尝味能力。研究表明，我们可以逐渐适应味道，比如苦味，并且可以逐渐培养发现味道和香气的能力。[79]

说到最后，这意味着两个人可以以不同的方式体验同一杯咖啡。既然如此，我们究竟要怎样才能知道每个人的感受，或者更进一步沟通交流呢？你会在下一章找到答案。

第四章

培养一个咖啡舌头

语言和味觉的培养

现在，你已经基本了解了大脑如何创造风味、咖啡风味的科学现状，以及咖啡风味从何而来。现在有趣的部分来了：培养味觉！正如我在本书中多次提到的那样，每个人都可以培养自己的味觉，即提高辨别和发现饮料等食物感官属性的能力。第一步就是在进食时多用心，放慢速度，关注饮食体验。咖啡闻起来是什么味道？你能分辨出所有基本味道吗？这种味道让你想起了什么？咖啡在口中是什么感觉？喝的时候味道和香气有什么变化？

虽然咖啡喝起来很好很不错，但如果你不能准确描述自己的感受，就无法有效地阐明你品出来的是什么。这一点很关键。培养味觉你需要两样东西：感官体验和描述它们的词汇。

在本章中，我们将探讨语言在味觉培养中的作用，以及为什么我认为消费者在确定自己喜欢喝什么咖啡时，语言是最大障碍。我们将学习精品咖啡和科学界为解决语言问题而开发的工具，当我们在家里或咖啡馆喝咖啡时，我们将使用这些工具找到对应感官属性的体验和词汇。

我不会探讨咖啡中已确定的所有感官风味属性，而是向你介绍六个大类别，这将帮你更好地了解咖啡基本风味属性。每个属性都有一个练习，品尝和／或闻参照物，来帮助你锁定感官记忆，以便在日常喝咖啡时可以利用。加上你已经探索过基本味道（苦、酸、甜、咸、鲜）和其他属性（涩感、油脂感），读完这本书后，你的大脑中将有数十种感官体验。

语言：不完美的媒介

我是一名作家和图书编辑，因此我的整个职业生涯都围绕着"语言是一种不完美的媒介"这一准则。我每天都在提醒自己，人类没有读心术。我们脑中的想法无法直接传送到别人脑中。我们必须借助语言、符号、标识或声音来表达，然后我们的表达需要由另一方来理解。换句话说，在某种意义上，一个纯粹的想法经过了两次不完美的翻译，出错的概率非常大。首先，我们用语言这一套有限的符号、标识和声音，来表达自己无限的感受和想法。我相信你一定经历过找不到一个词或一组词来描述自己想要表达的东西的时候。其次，语言具有各种灰色地带、内涵和意蕴，不同的人根据语境和生活经验会做出不同的理解。

在我的写作生涯中，这一点很有意思。语言就像黏土，可以塑造出我们想要的效果。语言是神奇的，有时不仅可以按照你的想法来理解，也可以以独特的方式来理解，同时又很准确。读者可以从你的语言中发现一些你没有意识到但能与你深深共鸣的东西，甚至比你心里想的还准确。不完美给魔法提供了施展的机会。

作为一名编辑，我很清楚语言是非常容易被曲解的，尤其是在只能靠文字符号，没有语气、表情、肢体语言和触觉的辅助时。页面上的一个单词或标点符号就能改变整个句子的含义，或增加读者产生误解的可能性。我的工作通常是"优化"语言，但没有一种正确的方法可以做到这一点，因为这非常取决于作者和目标受众。而可恶的事实是，你最终会碰壁：语言根本不完美。

所有这一切在我们描述感官知觉、选择用词时得到了最充分的体现，我在本书中已经多次提到这个观点。不管在什么情况下，描述复杂的感觉或感受都是很困难的。当不同的人在生理上以不同的方式体验某种事物时，会变得难上加难，我们的味觉就是一个很好的例子。如果我们没有共同语言或共同的体验依附于这些词，情况就更加复杂了。

我相信当咖啡爱好者走进咖啡店，想用一些风味语言进行沟通交流时，这就是主要难点之一。听不懂的术语无处不在。我们应该如何解释"烤棉花糖"的味道？我们期待在一杯咖啡里喝到什么？似乎没有一本字典可以帮助我们或咖啡专业人士来理解它。

有吗？（有的。）

《世界咖啡研究感官词典》是感官科学家和 SCA 合作的产物，旨在制定咖啡中常见感官特质的标准化语言和参照物列表。据我所知，研究咖啡的科学家大都在使用这个词典，并且 SCA 在对生产商、评级员、销售商、烘焙师和其他咖啡专业人士做培训和研究时，提倡将《世界咖啡研究感官词典》作为"行业语言"。SCA 的《咖啡感官与杯测手册》强调了在行业中使用该词汇表的重要性，并鼓励科学家与咖啡行业人士使用这种语言交流，我在本书中一直使用它作为权威参考；事实上，这就是该手册的主要目的。

标准化语言（词汇）直接与共同经验相结合，对于科学研究和公正评估来说至关重要。同时我认为，消费者和行业从业者之间的有效对话也是如此。然而，在撰写本文时，向消费者提供服务的咖啡专业人士（咖啡师）并不总是使用这种标准化词汇。消费者每天在咖啡店和其他咖啡零售商那里听到的不都是标准词汇。正因如此，本节的所有内容都是以《世界咖啡研究感官词典》为基础的，使用其中的语言的。[1] 让这套语言作为我们的共同语言，尽量与咖啡行业达成一致。这样我们就能更有效地相互交流。

行业工具:《世界咖啡研究感官词典》和《咖啡风味轮》

世界咖啡研究中心评估了来自 13 个不同国家的 105 种咖啡，耗时 100 多个小时，于 2016 年首次发布了《世界咖啡研究感官词典》。截至本书撰写时，该词典共收录了科学家们在咖啡中发现的 110 种感官属性。[2]"属性"一词是指咖啡中的感官特质，即基本味道、香气、风味或口感。这些属性是可描述、可量化和可复制的。之所以说可描述，是因为词库提供了中性的描述性词条。词条并不描述这种属性是"好"还是"坏"，只描述一种存在。属性是可量化的，因为每个属性都有一个 15 分制的强度分数。这个味道与该属性是很像还是有点像？如果你受过培训，你会知道强度分数"4"代表着什么，就可以相对精确地比较咖啡的属性（例如，"这杯咖啡的覆盆子味比那杯更浓郁"）。最后，每个属性都有所谓的感官参照物，即你在这个特定参照物里可以闻到或尝到该属性。有了参照物，世界各地的人们不仅可以分享相同的感官体验，还能以相同的方式说出来，这使得属性具有可复制性。感官参照物很重要，因为像我之前提到的，语言有其限制。正如 SCA 所说，"真正能传达（风味）体验的唯一途径是通过共有的感官体验"[3]。

我将在本章中引用这些属性，让我们先来看看词典中的属性词条长什么样子。下面是蓝莓属性的词条。

蓝莓

微深沉的味道，果味，甜味，微酸，霉味，尘土味，带着与蓝莓有关的花香

参照物	强度	准备说明
俄勒冈（Oregon）品牌淡蓝莓糖浆（罐装）	香气：6.5	将 1 茶匙蓝莓罐头糖浆倒入杯中，盖上盖子
	风味：6.0	将蓝莓糖浆倒入容量 1 盎司（约 30 毫升）的杯中，盖上盖子

来源：《世界咖啡研究感官词典》，2017

如上，该属性被命名为"蓝莓"，并被描述为"微深沉的味道，果味，甜味，微酸，霉味，尘土味，带着与蓝莓有关的花香"。感官参照物（俄勒冈品牌淡蓝莓糖浆）及其准备方法都有详细说明。此外，还有强度评分（香气 6.5 分，风味 6.0 分），不过在本书中我们不讨论强度。要使用该词典，你需要按照说明准备参照物，然后品尝（如果是味道属性）或闻一闻（如果

是香气属性）。由于词典的设计旨在消除偏见，确保每个使用者的体验尽可能相同，所以连使用的容器大小和类型都做了详述。一般情况下，在准备品尝或嗅闻之前，你需要用盖子盖住准备好的参照物，以避免芳香物质消散，影响你对该属性的体验。

词典中的属性也已加入咖啡风味轮（参见第 184 页），这是一个旨在使词典"对咖啡行业有意义且易于理解"的工具。[4] 许多餐饮行业都有自己的风味轮，因为它能有效地整理和展示风味信息。

咖啡行业曾经出过几版"风味轮"，当前版本是 SCA 于 2016 年出版，以《世界咖啡研究感官词典》为基础修订的。此外，还有一些其他研究帮助科学家根据属性之间的关系进行分类，从而使风味轮更易于使用。大类别放在风味轮的中心位置（烘烤味、香料味、坚果 / 可可味、甜味、花香、果味、酸味 / 发酵味、绿色植物 / 蔬菜味和其他）。在这些类别下，当属性到达圆的边缘时会变得更加具体。例如，从果味到莓果类再到蓝莓。此外，风味轮还使用相关的颜色直观地显示属性与描述词之间的关系。例如，研究发现，我们会将红色与某些类型的水果联系起来。基础果味属性是红色，而更具体的属性会过渡到粉色和其他颜色（如蓝莓是蓝色），具体颜色取决于我们对该水果的认知。记住这一点，在后面会派上用场。

然而 110 种属性太多了，本书无法一一介绍，而且对于我们这些刚开始喝咖啡的人来说，全部了解压力太大。相对地，我们将专注于探索基础层面，即风味轮的内圈，为想继续培养味觉的人打下坚实的基础。在接下来的部分，我选择了一些我经验里最常见的属性，它们代表了咖啡的主要风味属性，还有一些我希望你们了解的其他属性。你的任务是收集感官参照物，准备并品尝它们，创建感官记忆，带入咖啡世界。你将为自己提供体验，将这些与《世界咖啡研究感官词典》配对，然后找出你喝的咖啡的属性。

除了介绍主要的咖啡属性，我还会给出一些挑战和建议，供你进一步探索。例如，我会建议你比较某些属性或在品尝时加入更多属性。最后，我还为你提供日常品尝咖啡时所需要的一些背景资料。注意，词典本身是中性的。它只是一种工具，只说明"咖啡中存在这些风味属性"，而不是"这种风味是缺陷"或"这种风味非常珍贵"。我将尽可能地为你寻找每种属性的咖啡类型提供一些建议，包括这种属性的"风味描述"。但请记住：在咖啡中，风味不是打包票的。发现咖啡特质最好的方法就是大量品尝，经常品尝。给自己创造机会与它们相遇，你就会找到它们！

如果你想更深入地了解风味属性，请参阅《世界咖啡研究感官词典》，网上有免费版本！[5] 话不多说，让我们开始吧。

培养味觉的最佳方法

本书重点介绍科学已经确定的属性，但培养味觉的最佳方法是有意识地、广泛地品尝饮品等食物。这一章将让你对咖啡的基本风味有一个很好的了解，你可以尽可能地品尝各种原材料：水果、巧克力、坚果等。将同一类别的食物放在一起比较，有助于增强你的味觉肌肉记忆，并巩固大脑中的感官记忆。本章只是一个起点！

咖啡香气和风味属性的大类别

在你开始品尝感官参照物并将之牢记在大脑中之前，请记住这一点：绝大多数时候，咖啡中的风味属性是细微的。孤立地品尝参照物，感觉到的风味要比在咖啡中强烈得多。在咖啡中，风味特性不仅浓度较低，而且还和许多其他香气、味道和口感特性混合在一起。词典还区分了"香气"和"风味"属性。香气是指鼻子嗅到的，风味是指口中尝到的。有时，感官参照物会同时运用到两者，有时只运用其中一个。在接下来的练习中，我会遵循词典的指导。

虽然世界咖啡研究中心确定的属性参照物成分很容易买到，而且有一些你的厨房里肯定已经有了，但要收集词典里的所有参照物，工程还是很浩瀚，建议你和朋友一起做这些练习，以便分享，因为很多时候你会剩余一些材料。我尽量为大家提供遇到不太熟悉的成分时的解决方案。

在准备工作方面，我也是按照词典的指导进行的，其实在很多情况下，我提供的说明比词典更为详细（毕竟我是一名食谱编辑！）。有一些地方，我对词典的说明进行了调整，或者说让它更加精确，以便在家里更容易按照说明去操作。词典的目的在于统一，以确保所有人能获得相同的感官体验，但词典有些地方的说明含糊不清、不完整，或者在厨房里很难操作。在这种情况下，我会尽量根据自己的判断来把问题说清楚，并在我的说明与词典原文有很大出入时加以解释。

你会发现，词典建议使用闻香杯去闻香气，使用 1 盎司（约 30 毫升）的杯去品尝味道。如果没有闻香杯，用小酒杯也可以。如果你没有 1 盎司的杯子，也可以使用差不多容量的杯子，如浓缩杯（通常容量在 1 至 1.5 盎司之间）。如果你要做对比，请确保使用相同容量的杯子。词典还建议你在闻和品尝之前，用盖子盖住参照物，这样可以保持杯中的香气。我发现杯垫、梅森罐盖子和圆罐食品（酸奶、奶酪等）容器的盖子都可以用。

我们在前面的练习中已经探索过词典中的一些属性：苦（见第 033 页）、酸（见第 036 页）、甜（见第 041 页）、咸（见第 043 页）、涩（见第 074 页）和油脂感（见第 077 页）。前四个都列在词典的"基本味道"下，后两个是口感属性，但你会发现它们也会出现在其他地方。

果味

果味的

描述：各种成熟水果的甜、花香、芳香混合在一起
参照物：草莓猕猴桃风味果汁

果味往往是咖啡爱好者喝咖啡时最先发现的风味属性，让人觉得咖啡"不只是咖啡"。新鲜水果特征虽然只有那么一点，却是咖啡中独特的存在，尤其是那些以强调咖啡豆的特征（而不是烘焙特征）为原则烘焙的咖啡。这是有原因的：咖啡豆是一种水果——咖啡樱桃的种子。

最有可能找到果味属性的是日晒和蜜处理咖啡，在这些处理法中，咖啡在采摘后连同全部或部分果肉一起晒干。研究表明，与没有果味属性的咖啡豆相比，日晒处理法的阿拉比卡豆会产生更多的已知果味气味物质。[6] 这并不是说水洗咖啡就没有果味，也有。但是，如果你想体验并牢记这种味道属性，你可能需要先品尝日晒咖啡。

果味是所有水果味道属性的总称。词典将果味分为 4 个子类别：莓果类、干水果（见第 119 页）、其他水果和柑橘类水果。每个子类别又进一步细分，总共有 18 种具体的水果味道属性。如果没有大量的练习，想要区分像覆盆子和草莓这些味道属性可能有些困难，但想要察觉到单纯的果味还是很容易的。我发现在某些情况下，像苹果和柑橘等水果味道属性，与明亮的酸度有关，我们将在第 121 页进行探讨。

果味

通过这个练习来熟悉果味的香气和风味。

你需要准备

- 一盒草莓猕猴桃风味果汁
- 水
- 中号闻香杯或酒杯
- 容量 1 盎司 (约 30ml) 的杯或浓缩杯
- 盖子

香气：将 1/4 杯草莓猕猴桃风味果汁和 1/4 杯水倒入闻香杯中混合，然后盖上盖子以保持香气。准备就绪后，掀开盖子闻一闻。这种香气会让你想起什么？请尽可能描述出来，并 / 或将其与某个记忆联系起来。

风味：将浓郁的草莓猕猴桃风味果汁倒入杯中，盖上盖子以保持香味。准备好后，揭开盖子品尝。这种味道让你想起了什么？请尽可能描述出来，并 / 或将其与某个记忆联系起来。

一个有趣的现象是，咖啡中的水果风味和香气，往往尝起来和闻起来像是人工的，更像糖果，而非真正的水果。烘焙咖啡中的一些天然化合物在与之关联的水果中并不存在，但食品工业使用这些化合物来给糖果添加人工风味。例如，香蕉中并没有乙酸糠酯，但它是用来制造香蕉味的人工香料，而它天然存在于咖啡中。当咖啡中含有一些天然水果味化合物时，就会出现类似的人造香气或风味，因为它们是相对独立出现的。例如，乙酸异戊酯是香蕉特有香味的一部分，也存在于烘焙咖啡中。香蕉里还有很多其他化合物存在，形成了我们认知里"香蕉"这一复合味道。但并不是所有这些化合物都存在于咖啡中，因此这种香气或味道可能会让人联想到香蕉，但和香蕉的复合味道不完全一样。[7]

埃塞俄比亚日晒：通往风味之都的门票

在"难以描述"的味道属性里有一个例外，那就是埃塞俄比亚日晒咖啡特有的蓝莓味。有时，这种味道会表现得非常突出，咖啡爱好者将其称为"风味炸弹"。在本书中我曾多次降低你的期待值，不停地强调咖啡的风味往往是不易察觉的。即便这样，蓝莓风味还是会脱颖而出，甚至会让你认为是人工添加的。埃塞俄比亚的日晒咖啡通常都能"触发火花"，向我们展示咖啡可以有多么惊艳！

如果你想品尝咖啡中的蓝莓特质，即"微深沉的味道，果

味，甜味，微酸，霉味，尘土味，带着与蓝莓有关的花香"，
词典中给出的参照物是淡蓝莓糖浆。往闻香杯或葡萄酒杯中
倒 1 茶匙用于闻香，往 1 盎司（约 30 毫升）杯中倒一些用于
品尝。

想要寻找这种风味，请品尝浅烘到中烘的咖啡，尤其是那些
使用日晒或蜜处理法处理的咖啡，它们的风味描述与词典里面的
这些描述：新鲜水果、果酱、莓果类或水果制品（如水果糖、饮
料、甜点）等相符。

干水果

描述：深色水果的芳香，甜，微褐色，带些与西梅干和葡萄干相关的甜
参照物：西梅汁

　　虽然我说你不必担心区分不出风味轮上所有 18 种水果属性的风味特征，但我认为识别干水果属性，并学会区别新鲜水果和干水果的特征还是值得的。

　　日晒咖啡中可以找到这种属性。记住，日晒咖啡在采摘后带着果皮一起晒干，因此干水果特性会融入咖啡豆中。如果你有机会品尝咖啡果皮茶——一种可以像茶一样冲泡的咖啡樱桃干，你就能够很好地了解干水果的味道。果皮茶帮我找到了咖啡中的干水果味道，虽然表达方式可能略有不同。还有，词典将西梅干和葡萄干列到了干水果类别下。要在咖啡中区分西梅干和葡萄干味有难度，但识别出干水果特征还是可以做到的。

　　想要品尝这些风味，请在浅烘到中烘的咖啡中找风味描述具有词典相关属性（干水果、葡萄干、西梅干）的产品，或者风味描述是其他干水果、用干水果制成的食品（例如无花果饼干和什锦果干）的产品。

干水果（统称）

通过这个练习，你可以熟悉干水果的香气和风味。

你需要准备

- 西梅汁
- 水
- 中号闻香杯或酒杯
- 盖子

香气 + 风味：将 1/4 杯西梅汁和 1/4 杯水混合，然后盖上盖子以保持香气。准备好后，揭开盖子闻一闻，品尝一下。这种香气会让你想起什么？味道呢？它们有什么相似之处？有什么不同？尽可能地描述出来，并 / 或将其与某个记忆联系起来。

小提示

- 如果你不想购买一整瓶西梅汁，但手头有葡萄干或西梅干，那么你通过这两种果干也大致能了解干水果的属性。将 1/2 杯葡萄干或西梅干切碎，与 3/4 杯水一起放入微波炉专用碗中。高火微波 2 分钟，然后过滤液体。将 1 汤匙液体倒入闻香杯或酒杯中嗅闻，其余倒入 1 盎司（约 30 毫升）杯中品尝。

- 如果你想针对这种特性加强练习，可以用西梅汁、自制葡萄干汁和自制西梅汁放在一起做盲测（见第 162 页）。品尝前将所有液体放至室温。你能区分这三者的香气和风味吗？

酸

柠檬酸

描述：温和，干净，伴随着淡淡的柑橘涩味的酸
参照物：柠檬酸

苹果酸

描述：酸，刺激，略带有涩味的水果芳香
参照物：苹果酸

醋酸

描述：酸味，涩味，略带醋中的刺激性香气
参照物：醋酸

正如我们所了解的，酸味是精品 / 手工咖啡的一个重要特征。酸度一词与基本味道的酸有关。如果你一直进行感官练习，在前面应该已经制作了浓度约 0.05% 的柠檬酸溶液，而这就是酸味属性参照物，也是柠檬酸的参照物。我建议大家比较柠檬酸与词典中的另外两种酸——苹果酸和醋酸。

回想一下，酸的种类有很多，其中许多酸都具有酸味，但它们还有别的特性，使其变得独特。本节中的三种酸——柠檬酸、苹果酸和醋酸，是我们日常生活中常见的酸，分别与柠檬、苹果和白醋这些我们熟悉的东西有关。对这几种酸进行比较和鉴别，不仅能让你发现不同酸之间的细微差别（推荐使用的溶液在风味

柠檬酸存在于生豆中，

烘焙过程并不会增加柠檬酸的含量，

但会慢慢降解柠檬酸。

强度上大致相同），还能让你开始在咖啡中察觉出这些味道。

根据我的经验，这些不同的酸能帮助你识别出咖啡里不同的水果味道。柠檬酸在柑橘类水果属性中起着重要作用。事实上，柠檬属性的参照物就是稀释柠檬汁，如果没有食品级柠檬酸，可以通过稀释柠檬汁来了解柠檬酸。在柑橘类水果、葡萄柚、橙子和酸橙属性的描述中也出现了"柠檬酸"这个词。这些属性可以看作柠檬酸和其他特性的组合。此外，在水洗和日晒咖啡中出现的"明亮"、"活泼"或"刺激"特性，都主要是由柠檬酸带来的。柠檬酸存在于生豆中，烘焙过程并不会增加柠檬酸的含量，但会慢慢降解柠檬酸。[8]中烘咖啡豆中的柠檬酸含量只有生豆状态的一半，这就解释了为什么中烘咖啡豆的柠檬酸会产生令人愉悦的酸味，但在高浓度下，例如在未充分烘焙的咖啡中，它会过于强烈和令人不悦。

同样，苹果酸通常和苹果相关，但它也是许多其他果味里的主要酸性物质，这些果味在词典中也作为属性出现，包括黑莓和蓝莓（在"莓果类"属性下）以及樱桃、葡萄、桃和梨（在"其他水果"属性下）。[9]苹果酸与柠檬酸有些相似，所以了解和比较它们之间的区别是一项很有实际意义（而且有趣）的练习。

醋酸（白醋）这个东西我们家里都有，但你可能没意识到它对咖啡特性的重要性。部分醋酸是在咖啡处理的发酵阶段产生的，但大多数醋酸是在烘焙过程中碳水化合物分解时产生的，这使得醋酸含量增加到原来的25倍。由于醋酸是由碳水化合物形成的，因此含糖量较高的生豆在烘焙后往往醋酸含量高。醋酸主要存在于浅至中烘咖啡中，因为过了某个点后，它会再次分解。醋酸的酸度不如柠檬酸和苹果酸，但它对咖啡整体酸度以及香气起了点睛作用。人的鼻子对它非常敏感。在低浓度下，醋酸"呈现出令人愉悦的干净、类似甜味的特性"，但在高浓度下，它所带来的一种发酵味被认为是异味。[10]

大多数浅烘和中烘咖啡含有酸味，因为许多咖啡文化认为一杯平衡的咖啡里应该有酸。如果你想喝酸度偏高的咖啡，请找风味描述中含有"明亮""活泼"等类似词条，以及一些标有已知为酸/有酸性特征的饮料或其他食品（例如柠檬水、糖果和水果）词条的咖啡。

瑕疵味：发酵味（它是吗？）

词典中还包括丁酸（与发酵乳制品有关，如帕尔马干酪）和异戊酸（与脚汗和陈年奶酪有关，如罗马诺干酪）的参照物。这些酸与奶酪的发酵味相关，专业咖啡师通常认为这是一种瑕疵。即使在专业杯测时，这些特质也很少出现，因此作为消费者的你很少会遇到这些味道。酸的参照物不容易找到，但如果你真的想提高味觉水平，可以买一些帕尔马干酪和罗马诺干酪，比较一下它们的气味和味道。

　　你更有可能接触到的是发酵味（"发酵水果、糖或发酵过度的面团的辛辣、甜、微酸，类似酵母、酒精的芳香"）。如前所述，发酵特质通常被认为是缺陷味，但有些咖啡师会喜欢，而且会期待这种特质，所以烘焙师可能也会喜欢。关于发酵属性（香气）的参照物是健力士特烈啤酒，词典建议 3 个人分享一罐 2 盎司（约 60 毫升）的啤酒，倒出来 1/3，盖上盖子以保持香气。啤酒可在室温下饮用。

大多数浅烘和中烘咖啡含有酸味，

因为许多咖啡文化认为一杯平衡的

咖啡里应该有酸。

柠檬酸、苹果酸和醋酸

通过这个练习，比较柠檬酸、苹果酸和醋酸这三种酸的特性，熟悉它们。请注意，苹果酸没有香气成分，而其他两种酸有。

你需要准备

▓ 浓度约为 0.05% 的柠檬酸溶液（第 036 页）

▓ 食用级苹果酸

▓ 酸度为 5% 的蒸馏白醋

▓ 水

▓ 三个 1 盎司（约 30 毫升）杯或浓缩杯

▓ 盖子

柠檬酸（香气 + 风味）：将柠檬酸溶液倒入第一个杯子中，盖上盖子以保持香气。准备好后，揭开盖子闻一闻，尝一尝。香气会让你想起什么？味道呢？它们有什么相似之处？有什么不同？请尽可能描述它们，并 / 或将它们与某个记忆联系起来。

苹果酸（风味）：将 0.5 克苹果酸溶解在 1 升水中，搅拌或摇晃直到苹果酸完全溶解，制成浓度约 0.05% 的苹果酸溶液。倒入第二个杯子中，然后盖上盖子以保持香味。准备好后，揭开盖子品尝。你会想起什么味道？请尽量描述，并 / 或将其与某个记忆联系起来。

醋酸（香气 + 风味）：将 20 克白醋和 80 克水混合，制成浓度约 1% 的醋酸溶液。倒入第三个杯子中，然后盖上盖子以保持香气。准备好后，揭开盖子闻一闻，尝一尝。香气让你想起了什么？味道呢？它们有什么相似之处？有什么不同？尽可能描述出来，并 / 或将它们与某个记忆联系起来。

小提示

▦ 建议将柠檬酸和苹果酸溶液装在 1 升的水瓶中，这样可以储存几天。这是一个很好的盲测练习（见第 156 页）。

▦ 苹果酸和柠檬酸可在网上购买，在货源充足的药店或保健品商店（粉末状或胶囊状苹果酸）、食杂店（食品级柠檬酸）也能买到。练习剩余的柠檬酸有很多用途，包括制作糖果、烹饪、清洁和泡澡。

▦ 如果没有柠檬酸和苹果酸，可以用柠檬汁（柠檬酸）和苹果酱（苹果酸）代替。将一份新鲜柠檬汁稀释在四份水中，你就制作出了柠檬属性风味和香气的参照物（在风味轮的"柑橘类水果"类别下）。嘉宝牌的苹果泥是苹果属性的风味参考（在风味轮的"其他水果"类别下）。虽然柠檬和苹果除了酸外还有其他特质，但在比较这两个属性时，你应该能感受到它们的酸度差异。

花香

花香

描述：带有鲜花香味的甜味，清香，淡淡的芬芳
参照物：韦尔奇 100% 白葡萄汁

分辨花香对于初学者来说是一项挑战，或许这应该是经验丰富的品鉴师的目标，但花香在其他风味属性，如某些水果、香料和坚果味中发挥着重要的作用，所以我希望你尝试一下。词典还在这个风味类别下列出了四种具体属性：玫瑰、茉莉、洋甘菊和红茶，但我建议你先从基本花香属性开始。如果你有兴趣提高对花香的识别能力，一种方法是收集词典中给出的参照物，但可能会很贵。另一种方法是在当地苗圃找玫瑰和茉莉花闻一闻，并品尝一些高品质的玫瑰花茶、茉莉花茶、洋甘菊茶和红茶。将花香与果味（见第 115 页）、干水果（见第 119 页）放在一起比较，也能帮助你区分差异。

花香是很细微的，如前所述，香味阶段最容易发现花香，也就是在咖啡豆研磨后。它们与酯类有关，酯类是从羧酸中提炼出来的具有挥发性和香味的化合物。研究表明，花香味连同果味、甜味、香料味和酸味是咖啡师和生豆购买商最看重的品质，也是对咖啡质量评分影响最大的因素。[11]

花香往往会被烘焙特征掩盖，因此浅烘和中烘咖啡比深烘咖啡花香风味更突出。据说闻名遐迩的彼得森家族巴拿马翡翠庄园的瑰夏，就具有独特的茉莉花香。如果你想在咖啡中找到花

花香

通过这个练习你可以熟悉花香的香气和风味。

你需要准备

- 韦尔奇 100% 白葡萄汁
- 水
- 中号闻香杯或酒杯
- 1 盎司（约 30 毫升）
- 盖子

香气：将 1/4 杯葡萄汁和 1/4 杯水混合。倒一半混合物到闻香杯里，然后盖上盖子以保持香气。准备好后，掀开盖子闻一闻。这种香气会让你想起什么？请尽量描述，并 / 或将其与某个记忆联系起来。

风味：将剩余的混合物倒入杯中，然后盖上盖子以保持香味。准备好后，揭开盖子品尝。这味道让你想起了什么？和香气相比有什么不同？请尽可能描述出来，并 / 或将其与某个记忆联系起来。

香，不妨试试瑰夏，但我不能打包票。花香特质很难捕捉，可能更容易闻到而不是喝到。你也可以寻找风味描述词与词典属性花卉和其他花卉（例如木槿花、金银花和咖啡花，顺便说一句，咖啡花与茉莉花长得很像）相关的咖啡。

坚果 / 可可味

坚果

描述：略甜，棕色，木质，油，霉味，涩，伴有坚果、种子、豆类和谷物的苦涩芳香
参照物：美国蓝钻石杏仁片和去皮核桃

　　研究发现，坚果味出现在浅烘豆以及浅到中烘咖啡豆研磨时和冲煮中。[12] 从化学角度来说，坚果味通常与吡嗪有关，吡嗪主要在烘焙的前期形成，随着烘焙的进行逐渐降解，并被其他化合物遮盖。[13]

　　根据我的经验，坚果和可可（参见第 131 页）属性经常同时出现在咖啡中（当专业人士评估咖啡时，这两项经常被混为一谈）。如果一个一直喝强调烘焙特征咖啡的人，想要换口味喝强调咖啡豆特征的咖啡，我经常推荐有坚果 / 可可味属性的咖啡。这些"棕色"风味通常被认为是浓郁、圆润、饱满和令人舒适的，这些都是人们比较欣赏的烘焙特性。并且，在浅至中烘咖啡中，坚果 / 可可味属性通常伴随着甜味，而不是深烘咖啡中的烘烤 / 烧焦属性。

坚果味

通过这个练习，你可以熟悉坚果的风味。

你需要准备

- 杏仁片
- 去皮核桃
- 搅拌机
- 碗
- 1 盎司（约 30 毫升）杯或浓缩杯
- 盖子

风味：将等量的杏仁片和去皮核桃放入搅拌机中高速搅拌 45 秒。将搅好的混合物从搅拌机倒入碗中，再倒入杯中，盖上盖子保持香味。准备好后，揭开盖子品尝。这种味道让你想起了什么？请尽量描述，并 / 或将其与某个记忆联系起来。

小提示

- 如果没有搅拌机，可将等量的杏仁片和去皮核桃尽量切碎，然后充分混合均匀。

《世界咖啡研究感官词典》将坚果属性分为三大类：杏仁、榛子和花生。花生的参照物同时也是中烘咖啡的参照物（见第142页），在咖啡中找到坚果味比区分具体是什么坚果味要更容易。

如果你想找这个味道，请在浅至中烘咖啡中找标有符合词典属性的风味描述，或标有其他坚果或用坚果制成的食品（例如果仁糖）词条的咖啡。

可可

描述：棕色，甜，尘土味，霉味，伴有可可豆、可可粉和巧克力棒的苦涩芳香。
参照物：好时可可粉（原味，无糖）

研究发现，可可味出现在浅烘咖啡全豆和浅到中烘的咖啡粉及冲煮出来的咖啡中。而且随着烘焙程度的增加，可可味的强度往往会下降。有时，闻整颗咖啡豆比闻研磨后的咖啡粉更容易感受到可可的香味（可是研究发现的情况却恰恰相反，即闻研磨后的咖啡粉，更容易感受到可可的香味）。[14]

词典中还有另外两种巧克力参照物：巧克力和黑巧克力。它们与可可相似，但黑巧克力的特点是苦味和涩味更重。

在探索这种味道时，可以找浅到中烘并且风味描述符合词典属性（可可、巧克力、黑巧克力），以及风味描述是用巧克力制作的食品（如冰激凌、蛋糕、饼干和其他甜点）的咖啡。

可可味

通过这个练习熟悉可可的香气和风味。

你需要准备

- 好时可可粉
  （原味，无糖）
- 水
- 中号闻香杯或
  酒杯
- 1 盎司（约 30
  毫升）杯或浓
  缩杯
- 盖子

香气：将 1/4 茶匙可可粉和 100 克水混合。将一半混合物倒入闻香杯中，然后盖上盖子以保持香气。准备好后，掀开盖子闻一闻。这种香气会让你想起什么？请尽量描述，并 / 或将其与某个记忆联系起来。

风味：将剩余的混合物倒入杯中，然后盖上盖子以保持香气。准备好后，揭开盖子品尝。这种味道让你想起了什么？和香气相比有什么不同？请尽可能描述出来，并 / 或将其与某个记忆联系起来。

小提示

■ 将与可可相关的三种属性（可可、巧克力、黑巧克力）对比品
尝，是一个锻炼味觉的好方法：

 − 按照说明准备好可可参照物。

 − 准备巧克力参照物。

香气：将 1 茶匙切碎的雀巢 Toll House 巧克力豆放入闻香杯中，
盖上盖子。[15]

风味：再将 1 茶匙切碎的雀巢 Toll House 巧克力豆放入杯子中，
盖上盖子。

 − 准备黑巧克力参照物。

香气：将 1 茶匙切碎的瑞士莲 90% 黑巧克力放入闻香杯中，然
后盖上盖子。（剩下的当零食。）

风味：在杯中放入一小块瑞士莲 90% 黑巧克力（切碎至看不出
来），然后盖上盖子。

 − 并置闻一闻、尝一尝，比较它们的特性。你觉得有什么差异？

绿色植物 / 蔬菜味

绿色植物

描述：新鲜植物原料的芳香。可能包括多叶的、藤蔓类的、未成熟的、草绿色的和豆类植物。

参照物：欧芹水

绿色植物 / 蔬菜味的属性始终存在于生豆中，并且也会出现在最终的咖啡中，烘焙往往会降低这种属性的存在，因此在浅烘咖啡中更容易中找到此属性。[16] 词典将绿色植物 / 蔬菜味的属性划分为 4 个子类别：橄榄油、生的（参见第 140 页）、豆腥味和绿色植物 / 蔬菜味的属性（又一次），又进一步分为 7 个具体类别：未成熟的、豆类、新鲜的、深绿色植物、蔬菜的、干草味和草本植物味。

我们人类对一些具有绿色植物属性的化合物非常敏感，例如 2- 异丙基 -3- 甲氧基吡嗪，这种化合物与泥土、新鲜的、绿色豆类属性有关。 即使是在一个标准游泳池中加入几滴这种化合物，我们都能喝出来。[17]

有些咖啡本身会带有蔬菜、草本或其他绿色植物的味道。东南亚咖啡，例如苏门答腊咖啡，以具有一种标志性的绿色泥土味而为人熟知，有些人将这种味道比作青椒味。* 这种特殊的味

---

* 这种绿色植物风味特质通常归因于印度尼西亚常见的独特湿刨法。它与我们更熟悉的水洗（湿）处理法不同。

绿色植物味

通过这个练习你可以熟悉绿色植物的香气和风味。

你需要准备

- 电子秤（测量精度 0.1 克）
- 小刀
- 1 把新鲜欧芹（洗净）
- 水
- 滤网
- 中号闻香杯或酒杯
- 1 盎司（约 30 毫升）杯或浓缩杯
- 盖子

香气：将 25 克欧芹切碎。放入一个小碗中，加 300 克水，盖上盖子，静置 15 分钟。滤出欧芹扔掉。将滤出欧芹的 1 汤匙欧芹水倒入闻香杯中，然后盖上盖子，以保持香气。准备好后掀开盖子闻一闻。这种香气会让你想起什么？请尽量描述，并 / 或将其与某个记忆联系起来。

风味：将 2 茶匙欧芹水倒入杯中，然后盖上盖子以保持香味。准备好后揭开盖子品尝。味道让你想起了什么？与香气相比有什么不同？请尽可能描述出来，并 / 或将其与某个记忆联系起来。

小提示

■ 市场里通常有两种欧芹：平叶欧芹（意大利）和卷叶欧芹。世界咖啡研究中心没有明确说明使用哪一种，我认为他们指的是味道更浓郁的平叶欧芹。

■ 如果想提高难度，请将绿色植物味与草本植物味（"混有绿色草药味，可能是甜、微辛和微苦，可能有也可能没有绿色或褐色的特征"）进行比较。准备盲品很容易。你需要一些味好美的干料：月桂叶（用手指捏碎）、碎百里香和罗勒叶。每种干料取0.5克一起放入研钵（或香料研磨机）中，研磨至细碎并混合。将干料混合物与100克水一起倒入碗中混合。将5克干料水用滤网过滤，然后加入200克水。这就是你的香气参照物。再将5克干料水过滤后与200克水混合，然后将一些倒入杯子中。这是你的味道参照物。闻一闻，尝一尝，然后与欧芹水进行比较。

■ 如果没有电动香料研磨机，月桂叶很难碾碎成粉末状。若你遇到这种情况，只能尽量捏碎，然后把叶片滤掉。

道可能会引起两极分化的评论，如果它出现在其他产区的咖啡中，很可能会被视为缺陷味。除非这种咖啡就是以此为特征的，否则大多数咖啡专业人士在杯测过程中会认为绿色植物／蔬菜味是一种瑕疵味。但如果绿色植物风味不是主导属性，或是在其他属性中扮演令人愉悦的配角，那是可以接受的，具体取决于个人口味。

如果消费者手中的咖啡出现了绿色植物风味，最常见的原因可能是未充分烘焙。也就是说，烘焙未能让咖啡豆充分释放它的潜力。我在本书中介绍这个属性是因为浅烘咖啡越来越普遍，有时你会遇到未充分烘焙的咖啡（我在写这本书期间就遇到过一次），这被认为是烘焙瑕疵。绿色植物属性与强烈的酸感和／或涩感，通常是咖啡未充分烘焙的表现。

想要找带有绿色植物风味且不属于烘焙瑕疵的咖啡，请关注印度尼西亚的咖啡，例如来自苏门答腊和苏拉威西的咖啡。你可以寻找包装介绍词条涉及词典属性词以及有相关描述词（例如"草本"和"干罗勒"）的咖啡。

瑕疵味：土豆味

参照物：生土豆或莴苣根部

一般来说，消费者很少会遇到瑕疵味，因为整个供应链的咖啡专业人员都接受过检测瑕疵味的培训。有瑕疵的咖啡不符合精品咖啡的标准，因此精品咖啡烘焙师不太可能会卖瑕疵豆。

然而，消费者偶尔会遇到一种瑕疵味：土豆瑕疵味。这种瑕疵只在非洲大湖周边产区的咖啡中出现。土豆瑕疵味之所以得名，是因为它的感官效果让人联想到生土豆，它是由一种生活在东非的虫子（Antestia）引起的。截至本文撰写时，关于这种虫子造成瑕疵味的原理仍存在一些争论，有两种可能性。其一，这种虫子以植物为食，使咖啡树容易受到细菌的感染，产生恶臭的吡嗪，从而导致瑕疵味。其二，虫子留下的伤害可能导致咖啡树本身在应激反应下产生了吡嗪。[18]

问题是，受细菌感染的咖啡豆与健康的咖啡豆外表上看起来是一样的。在咖啡烘焙之前，的确无法检测到这种细菌，这让瑕疵豆有机会混入供应链。从技术上讲，任何来自大湖地区［包括肯尼亚、布隆迪、卢旺达、刚果（金）、坦桑尼亚和乌干达］以及埃塞俄比亚的咖啡都有出现土豆瑕疵味的风险。根据我的经验，这种情况在布隆迪和卢旺达的咖啡中最常见。

供应商采取了一些措施来减少土豆瑕疵味的出现，所以请不要因此而放弃品尝来自受影响国家的咖啡。这种情况仍然很普遍，因此我建议你在冲煮咖啡之前先闻一闻。在研磨了一定粉量的布隆迪或卢旺达咖啡后，闻一闻咖啡粉：如果土豆瑕疵味道非常浓烈，你应该会立刻发现有问题，它闻起来就像生土豆。我发现另一个很好的参照物是莴苣根。下次从莴苣根部切莴苣茎时，好好闻一闻切下的部分，然后这种土豆瑕疵味就在你脑中无法抹去了。

　　这种瑕疵影响出现在单粒咖啡豆中，而不是整袋咖啡豆中。整袋咖啡中可能只有一颗坏豆。一颗坏豆可以毁掉一杯咖啡，但也不要扔掉整袋咖啡。只要做咖啡前闻闻，扔掉有缺陷的豆子就好。如果你没有发现，最终喝了这些瑕疵豆，它也不会让你生病。但我保证，你一定能发现瑕疵豆，因为它的味道肯定和其他咖啡豆不一样！

生的 + 烘烤 + 烧焦

生的

描述：混杂着生制品的芳香
参照物：费雪品牌（Fisher）天然整粒杏仁

烘烤

描述：高温干热形成的深棕色食物，不包括苦味或烧焦味
参照物：去皮生花生米

烧焦

描述：烹煮过度或烘烤过度的深棕色的食物，可能刺鼻、苦和酸
参照物：去皮生花生米

　　显而易见，研究证实烘烤（和烧焦）属性与深烘咖啡豆以及中至深烘咖啡的研磨和冲煮有关，并且这些属性的强度随着烘焙程度的增加而增加。[19] 烘焙过程，特别是美拉德反应和其他化学反应过程，会产生带有烘烤属性味道的化合物。如果继续烘焙，就会产生带有烧焦属性的化合物。我们往往对这类化合物很敏感，咖啡中这类化合物越多，它们就越有可能取代或盖过咖啡中更微妙、细小的风味特征。

　　化合物 2-呋喃甲硫醇长期以来一直被认为是咖啡香气和风味的重要组成部分，因为它赋予了咖啡烘烤味道特性。早在 20 世纪 20 年代，就有人对咖啡的香气进行了深入研究，发

现这种化合物"散发出咖啡特有的令人愉悦的香气"。[20] 这种化合物在闻香瓶中被用作烘烤属性的参照物。现代研究表明，在烘焙过程中，有一些咖啡品种的2-呋喃甲硫醇会随着烘焙过程的持续而增加，而另一些品种的2-呋喃甲硫醇会在浅度至中深度烘焙阶段增加，在进入深度烘焙阶段略有减少。[21] 酚类和烧焦味道相关。[22] 咖啡中的烧焦属性通常被认为是不好的，是一种烘焙瑕疵。

生的、烘烤和烧焦属性属于同一范畴，我认为将它们放一起比较很有趣且有参考价值。你对这些味道越熟悉，就越容易识别咖啡中不同强度的烘焙特性。即使一款咖啡是强调咖啡豆特性的，但烘焙特性仍然在整体风味中存在感很强，你甚至能发现一些本不该出现的味道，例如喝到生的味道证明这个咖啡豆未充分烘焙，喝到烧焦的味道证明这个咖啡烘焙过度了。

你对生的、烘烤和烧焦属性越熟悉，
就越容易识别咖啡中不同强度的
烘焙特性。

生的 + 烘烤 + 烧焦

做这个练习，比较 5 种风味属性，熟悉与烘焙程度相关的特质：生的、浅烘、中烘、深烘和过度烘焙 / 烧焦。

你需要准备

- 带边烤盘
- 烘焙油纸
- 去皮生花生米
- 费雪品牌天然整粒杏仁
- 5 个 1 盎司杯（约 30 毫升）或浓缩杯
- 盖子

将烤箱预热至 220℃。在烤盘上铺上油纸，然后将花生均匀地铺在烤盘上，确保花生不相互接触（如果相互接触，花生可能会被蒸熟而不是烤熟）。将烤盘放入烤箱，按照指示的时间烤制，以达到各自的参考效果。

生的（风味）： 将未经烘烤的杏仁放入杯中，然后盖上盖子以保持香味。

浅度烘焙（风味）： 将花生烘烤 7 分钟，然后从烤盘中取出约 1/4 的花生倒入杯中，盖上盖子。这个时候花生应该没有明显的颜色变化。

中度烘烤（风味）： 将烤盘放回烤箱，再烤 3 分钟（共 10 分钟），直至花生呈中等褐色。从烤盘中取出大约 1/3，放入杯中，盖上盖子。

深度烘焙（风味）： 将烤盘放回烤箱，再烤 5 分钟（共 15 分钟），直至花生呈深棕色。将烤盘中的剩余花生取出一半，倒入杯子中，盖上盖子。

过度烘焙 / 烧焦（风味）： 将烤盘放回烤箱，再烤 5 分钟（总共 20 分钟）或更久，或直到花生烧焦。将花生从烤箱中取出，倒入杯子中，盖上盖子。

品尝杏仁和每种花生，在品尝之间盖上盖子以保留香味。它们有何相似和不同？这些味道让你想起什么？尽可能地描述每一个风味和／或将其与某个记忆联系起来。这个练习很适合用来做盲测（见第 156 页）。

小提示

- 请注意，"生的"属性（"混杂着生制品的芳香"）属于绿色植物／蔬菜味属性，但将它和烘烤属性放在一起比较更好一些。
- 《世界咖啡研究感官词典》中"生的"属性参照物是杏仁（而不是花生），但如果你不想买两种坚果，那么吃未经烘烤的生花生也能大概理解"生的"这一风味概念。

烘焙特性和颜色

在本书中，我一直使用"浅烘"、"中烘"和"深烘"等常用术语来指代咖啡的烘焙程度，因为在我了解的研究中，他们都使用这种说法。但我想强调的是，这些术语未免都过于简单了。烘焙程度是一个由热量和时间构成的复杂矩阵，虽然烘焙温度越高和／或时间越长，咖啡豆的褐色会呈现得越深，但物理颜色并不是风味特征的理想指标。两种呈现相同"中棕色"的咖啡豆，可能其中一种具有强烈的烘焙特征，而另一种没有。事实上，撰写词典的科学家们很快就指出，词典中列出的与烘焙相关的属性同"烘焙特征的强度"有关。他们写道："专家经常会（发现）一些与颜色有关的味道属性用颜色的深浅直接判断风味强度，但这可能并不正确……浅烘焙和深烘焙之间没有线性关系。我们不能通过简单的加深颜色，就得到更深的烘焙味道，因为风味实际上会转变为不同类型的特征。"[23] 由于与颜色相关的烘焙术语过于简单，许多手工烘焙商不会将烘焙度标在咖啡袋上。

风味描述的问题

风味描述是烘焙师和咖啡店用来描述咖啡感官属性的。这是他们为消费者设定期望的主要方式，让消费者知道自己购买的咖啡是什么味道。不幸的是，咖啡行业在利用风味描述为消费者提供预期这个问题上尚未做得很好。

许多人都有过这样的经历：购买了听起来味道很不错的咖啡，如木槿花、粉色柠檬水、泡腾水等，但喝不出任何关联的味道。他们马上就会认为是自己哪里不对，是冲煮方式不对，还是品尝方式不对？事实可能并非如此，原因有以下几点。

首先，我们已经讨论过，风味属性往往非常细微，通常需要消费者做过一定程度的味觉培养，或至少是有意识地、认真地去品尝才能察觉出来。希望本书能帮助你克服这一难关。

其次，这些风味描述可能是由烘焙师在特定的时间、特定的地点、使用特定的水和特定的冲煮方法（杯测方法，参见第 150 页）制定的。杯测规定了特定的烘焙程度和冲煮方法，最终消费者买到的咖啡可能和杯测时的烘焙程度不一样，或冲煮方式不一样。回想一下"是什么影响了咖啡的风味？"部分（第 088 页）。因为咖啡本质上很复杂，而且有很多因素会影响它的风味，所以你（或咖啡师）在冲煮时可能无法复制出和风味描述一模一样的风味。如果你经常在家做咖啡，你应该知道调整冲煮方案可以改变风味。即使没有改变冲煮方案，在一周时间内咖啡的味道发生细微变化也是常有的事。这并不意味着咖啡"不好"或冲煮不当，只是它的味道有点不同了而已。

然而，根据我的经验，咖啡通常不会发生根本性变化。一杯明亮的果味咖啡不会变成黑巧克力味，但这袋咖啡放几个月后再冲煮时，杯测评分表上独特的黑莓味可能会变成一般的莓果类味或果味，或者细微的花香可能会完全消失，或者一个特征可能会比另一个特征更加明显。要注意的是，如果豆子从一开始就没有某种潜在味道，你是无法凭空变出这种味道的，但你可以破坏它本有的味道或使其变得不明显。

最后，一定要记住，写风味描述的人并不一定是经过认证的 Q 级咖啡品鉴师（咖啡领域的顶级感官专家），也不一定使用《世界咖啡研究感官词典》的标准化词条，可能也没有接受过任何营销培训，也就是说他们不擅长向消费者有效传达产品信息。老实说，有时这些风味描述不是写给消费者看的，而是为了给其他咖啡专业人士留下深刻印象或博取眼球的。

一些烘焙商和咖啡馆意识到了风味描述的这些问题，会尽量积极与消费者进行更有效的沟通，通常通过简化风味描述，使用常见的、共有的和可复制的风味体验词条，让消费者达到共鸣。但也有些人走了反方向：使用极其具体的描述和花里胡哨但毫无意义的营销语言，使得常见的、可复制的体验变得不清晰并引起混淆。

那么，当你遇到这样的词语时，该怎么办呢？我建议你从广义上去理解，并将具体的属性按照《世界咖啡研究感官词典》和风味轮的词条拆分，毕竟这些工具已经为我们完成了烦冗的分类工作。由于咖啡的主要特征不会有根本性改变，因此很多时候你还是可以找到符合自己口味的咖啡的。当然，可能还需要做一些猜测，但现在你有了工具，可以做出明智的猜测。

让我们看一下前面提到的风味描述：木槿花、粉色柠檬水、泡腾水。此刻正在打字的我，喝的咖啡的包装袋上就出现了这几个词。首先注意，这些都不是《世界咖啡研究感官词典》或风味轮里的词。对于普通咖啡消费者来说，它们既具体又模糊。我是这样来解读它们的：

木槿花：一种花，大部分人说不出它是什么味道。我想这应该是一种复杂化的营销语言，想暗示类似"异国情调"的特质。总的来说这是一种花香。

粉色柠檬水：柠檬水 = 甜 + 水果，也许是柑橘类水果。柑橘类水果暗示着有酸味成分。再来看"粉色"。大多数粉柠檬水只是简单加了色素，和普通柠檬水没有区别，之所以写"粉色柠檬水"，是因为这样听起来比较有食欲，仅此而已。也可能是暗示一种水果的味道，例如草莓，但这并不影响我的总体评估。我期待在这杯咖啡中找到甜味、果味和酸味。

泡腾水：咖啡不是碳酸咖啡，因此它不可能是真正的泡腾水。这可能是为了听起来更吸引人、更花哨，但也可能是想描述酸度，因为泡腾这个词通常与清爽、新鲜、明亮的饮料联系在一起，这些拐弯抹角的词也用来描述酸度。因此，咖啡里可能具有明显的酸味，结合其他风味特征看，可能是柠檬酸。

总的来说： 这款咖啡具有热带水果的酸中带甜、果味和花香。

风味描述过于具体的弊端在于，并非每个人都有过这种风味体验，这使得风味描述具有排斥性。它暗示消费者与咖啡烘焙师不在同一高度（"我知道木槿的味道，你不知道，那太遗憾了"），有点"装"。再者，由于这些风味描述词并不在《世界咖啡研究感官词典》中，缺乏可用的参照物来校对味觉，消费者确实没有办法"与烘焙师平等对话"。在整个行业共同决定使用标准化语言与消费者对话之前，我们只能尽量去分析这些过于具体的风味描述。

根据我的经验，一般情况下最好用大类别来做风味描述。太过具体的风味描述基本都会让人失望。相反，尝试将具体的风味分成几大类：烘烤味、香料味（我在本书中没有介绍）、坚果味、可可／巧克力味、甜味、花香、果味、酸味／发酵味和绿色植物／蔬菜味。因此，当你看到风味描述写着"烤棉花糖饼干"，就不要指望喝到露营时烤棉花糖的味道了。你应该期待喝到甜味属性，伴随着巧克力和烘烤特质。如果你看到"青苹果"，那就期待会喝到果味这一大类属性和一定程度的酸味。

CHAPTER 5

第五章

品尝咖啡的
实用技巧

在上一章中，你开始在大脑内构建参照物图书馆，里面装满了与咖啡相关的感官属性，并将它们的名字牢记在心。当然，这一切都是为了帮助你在日常喝咖啡时发现这些属性，并能够立即说出来。这就是感官素养。为了培养感官素养，你必须大量品尝不同的咖啡。如果可以的话，最好是对比喝。单独品尝一杯咖啡固然很好，但当你同时品尝两到三种咖啡时，那些细微的感官差异就会变得更明显，甚至会让你惊讶。

那么现在挑战来了。我们都知道，咖啡的准备和冲煮过程会极大地影响感官属性，这些属性会随着时间的延长而变化，温度等细微差异都会影响我们的品尝。我们需要一种方法来品尝相同时间、相同温度、以相同方式冲煮的咖啡，以确保公平性，并尽可能减少偏见。同时还需要过程不那么烦琐，不会让人做一次以后再也不想做了。

幸运的是，咖啡专业人士已经研究出了一种快速、简单、系统的可以同时品尝多种咖啡的方法，那就是杯测。在本章中，你将学习如何准备杯测，从而轻松地同时品尝好几种咖啡。此外，你还将了解到如何通过一种叫"三角杯测"的特殊方法来自我测试，了解如何盲测，以及如何用心品尝。

如何进行杯测

从技术上讲，杯测是咖啡专业人士用于评测生豆的一种工具。SCA 制定了详细的操作规程，你可以在网上查看。[1] 因为杯测是一种感官工具，用于评测和描述咖啡的感官属性，限制偏差，所以程序相当复杂和严格。在以人类味觉作为衡量工具时，要限制这种偏差还是很具有挑战性的。

为了快速准确地得出杯测结果，从咖啡的烘焙度和研磨度到冲煮温度和品尝方法，每一个环节都要进行简化和控制。杯测人员使用 SCA 杯测表格来对具体项目进行评估：烘焙程度、香气/香味、风味、酸度、醇厚度、平衡、余韵、均匀度、甜度、干净度、整体性和瑕疵。[2]SCA 对杯测的目的做了非常明确的声明："虽然有时会出于教育或宣传目的进行'杯测'，但这不是杯测的原本目的；杯测的初衷是在生豆贸易中充当一种评估和质评的工具。"[3]

因此，我们不必太在意复杂的杯测表，里面很多内容我们都用不上，因为我们喝到的咖啡已经经过了严格的杯测。评测是100分制的，必须达到80分以上的咖啡才会进入精品咖啡市场，因此我们不需要像专业咖啡师那样评测咖啡的质量。

话虽如此，但我们还是可以使用这个方法作为大纲，杯测确实是同时品尝多种咖啡的最简单的方法。不管 SCA 怎么说，我们都称其为"杯测"。我们使用杯测来探索咖啡风味和培养感官素养，而不是做咖啡质评。我们可以通过杯测实现以下两点：区分性品尝（判断样品之间是否存在差异）和描述性品尝（阐述样品之间的差异）。如果你已经知道如何杯测，你很快就会看出来我正在做减法。例如，专业的杯测员会在桌子上每种咖啡放5杯样品（以检查样品的一致性），而这对于我们这种品尝者来说没必要。我建议一次喝两到三杯不同的咖啡，以找出差异。

~~~~~

杯测使用一种非常基本的冲泡过程：准备好大小相同的杯子，在每个杯子中放入等量的不同品种的咖啡粉，然后往杯子中注入热水。像泡茶一样，将咖啡浸泡一定时间，然后用勺子撇掉咖啡渣。这样，样品可以几乎同时准备好，你无须担心温度或冲泡方法不一致。然后用勺子品尝咖啡。每位参与者都有自己的杯测勺，这样可以多人一起品尝，同时保持卫生。以下是SCA 杯测过程的简化版本。我建议尽可能严格地按照指南操作，以保证样品的一致性。

你需要准备

· 新鲜的过滤水：水不能有氯味或其他异味。不要使用蒸馏水或软化水。

· 刀盘磨豆机：保证咖啡粉研磨得尽可能均匀。如果你没有磨豆机，可以请当地的咖啡馆帮你磨，你需要"比滴滤咖啡略粗"的研磨度。

· 能加热水和测量水温的设备。我用的是内置温度计的电热水壶。如果没有，可以使用食品温度计，或者在水烧开后立即使用。

· 电子秤。精确到 0.1 克。建议以克为单位称量所有东西（包括水），这样为杯测做准备最简单快捷。

·计时器。用手机计时即可。

·杯测勺。你需要一把勺子用于破渣,还需要为每位品尝者准备一把勺子用于啜饮咖啡。有专门的杯测勺,但没必要特意买。如果有汤匙可以用汤匙,其实什么勺子都可以。

·小而浅的广口杯。专业人士会使用专用的杯测碗,但你不必特意买。只需使用 7 到 9 盎司(约 207 到 266 毫升)的杯或小碗即可。每款咖啡需要一个杯子。确保它们的大小、形状和颜色都一样,通过肉眼观察无法看出来差别。

·任何大小的杯子。一个用来放咖啡渣,其他杯子(参与者人手一个,尽可能保持卫生)装满水,用来洗勺子。

方法

1. 计算出杯子的容量。先计算出杯子的容量,那么你在冲泡时就不必担心水量的问题。将这些大小相同的杯子的其中一个放在以克为单位的电子秤上,清零(按下"去皮"键),把水倒至杯口,然后记下测量值。如果你用的杯子太大,可以称出 207 至 266 克的重量,接着在每个杯子上(用胶带)做一个标记,这样你就知道之后要加多少水了,免去在冲泡过程中再来回称重的麻烦。

2. 计算出粉量。每 150 克水应使用 8.25 克咖啡粉。注意,1 毫升水与 1 克水等重,因此很容易称出每个杯子的容量。举例,如果杯子的容量是 220 毫升水,就相当于 220 克,那么你可以用约 12 克咖啡粉。我建议你记下粉量以供将来使用。这次你已经完成了前两步，下次就可以直接从第三步开始了。

3.准备器具。根据准的咖啡样品数量摆放好相应的浅广口杯。将它们在桌子或台上一字排开，这样你就可以轻松地从左到右品尝，挪一步品尝一杯。在这一排杯子后面再放一些杯子，除一个外，其他杯子都装满水。取一把勺子，再给参与者人手一把勺子。将计时器放在伸手可触的地方。一旦开始，整个流程就会很快，所以这个准备步骤很关键。

4.研磨咖啡豆，闻香。称量咖啡豆，注意比目标克重稍微多一点，因为有些磨豆机会"吃粉"。要注意，研磨度应比滴滤咖啡使用的研磨度略粗（大约中等研磨度）。如果使用不同的咖啡豆，请在每次换咖啡时处理磨豆机——拿几粒下一款咖啡豆放入其中，研磨并倒掉即可，这样可以降低串味的风险。研磨后再次称重咖啡粉（根据需要多去少补），并将每份咖啡粉倒入每个杯子中。在水加热的时候（步骤 5），对每杯咖啡进行闻香并描述其香味（参见第 019 页）。

5.将水加热至 90℃ 至 95℃。注意，研磨完的咖啡粉在冲泡前不要放置太久，因为珍贵的芳香很快会消散。SCA 建议不要超过 15 分钟。

6.往每个杯子中注水，闻湿香。计时器设置倒计时 4 分钟，然后从左到右往每个杯子中注水，越快越好，注到边缘或你的标记线（咖啡粉会漂浮，因此咖啡粉会溢过标记线）。在等待的 4 分钟时间内，闻每个样品的湿香香气（参见第 020 页）。

7. 破渣和捞渣。当计时器响起，从左边起第一杯咖啡开始，用你自己的勺子在咖啡里搅动几次，"打破表面浮渣"。（如果由你破渣，你可以再闻一下香气。专业人士认为，破渣后的味道最浓，但我们没有要求一定这样做。）然后用这把勺子和桌子上的勺子一起把咖啡渣捞到空杯子中。尽量只撇去咖啡渣和浮沫，不要撇走咖啡液。捞渣一开始可能会有点难，但通过练习你会慢慢熟练起来。从杯子的边缘开始，用两个勺子沿着杯子的边缘像括号一样划过去，边划边捞起咖啡渣（观看别人操作会更容易掌握）。[4] 在为下一个样品破渣之前，用清水冲洗一下勺子，以避免串味。在专业杯测中，通常由不同的人同时对所有的样品进行破渣和捞渣，一起完成这个工作，但也可以指定由一个人来完成。

8. 品鉴咖啡。样品达到目标温度后（参见第 168 页的提示），从最左边第一个注水的那杯开始品鉴。使用个人的勺子，从液面取少量咖啡液，然后品尝（参见第 166 页的"品鉴的方法和提示"部分）。品尝后在清水杯中洗下勺子，然后移到右边的下一个样品。现在旁边有一个空位，可以让下一位参与者跟着你重复此过程，直到每个人都品鉴完所有样品。

轻松随意一点的玩法

如果你不想进行杯测，当然也可以在咖啡店点两杯不同的咖啡（或与朋友分享），然后进行比较。咖啡大概率能在同一时间做好。以下是一些你也许会感兴趣的杯测搭配。你还可以利用

这些搭配进行三角杯测（见第 163 页），测试自己的味觉能力。

根据你住处周围咖啡馆的情况，你可以请咖啡师帮你在菜单上找到这些咖啡。但要注意的是，并非所有咖啡馆都能做到完全一样，也并非所有咖啡师都接受过感官培训。

- 日晒咖啡和水洗咖啡

- 果味咖啡和可可 / 坚果味咖啡

- 高酸度咖啡和低酸度咖啡

- 传统烘焙咖啡和现代烘焙咖啡（或深烘咖啡和浅烘咖啡）

- 非洲咖啡和南美洲咖啡

- 拼配咖啡和单品咖啡

- 用同一款咖啡豆做的浓缩咖啡和手冲咖啡

我发现在家里进行对比品鉴的问题在于时间的把控。你很难在做好第二杯咖啡的同时保持第一杯咖啡的温度，但如果有质量好的保温杯和一些耐心，还是可以做到的。

如何进行盲测

本书中的一些味觉练习建议你进行盲品，或者在不清楚这是什么咖啡的情况下品尝。特别是三角杯测（见第 163 页），必须是盲测，专业的咖啡师也总是使用盲测来做杯测。我认为在初期阶段，知道咖啡的信息是很必要的，因为你正在努力建立联系，所以并非所有杯测都需要盲测。但是，当需要更上一层楼或测试自己的味觉时，盲测是一定要做的。

盲测很重要，因为根据已知信息形成偏见是很常见的情况。品尝时的偏见和出错可分为三类：生理性（当我们生理功能被减弱时，例如感冒）、神经性（当我们的大脑导致我们"错误"地感知某些东西时）和心理性（当我们的期望影响我们的感知时）。盲品旨在减少心理偏差和错误，有时也称为期望偏差。

专业品鉴师也难免受心理偏见的影响。事实上，他们更容易受到影响，因为他们的理论基础太过丰富，可能首先会"将某些感官属性与其他因素联系起来，例如原产地、品种、处理法、烘焙程度等"[5]。然后，他们会在品尝时有意无意地寻找这些属性，从而确认预判。例如，如果品鉴者知道他们正在品尝日晒处理法的咖啡，他们会预判能喝到果味，并在果味栏打高分。事实上，SCA建议每个"杯测参与者在杯测时应尽可能不去了解产品信息"[6]。

那么如何实现这一点呢？最理想的做法是，请朋友为你选择咖啡或准备杯测，这样你就不知道自己喝的是哪种咖啡或是在按照什么顺序品尝它们。这并不是每次都能奏效，尤其是当你使用本书中推荐的样品搭配时，你肯定会知道桌子上有哪些已知样品。你可以试着用下面的方法来帮助消除杯测过程中的偏差。这两种方法都必须使用相同的杯子，并且杯子最好是不透明或黑色的，这样你就看不到里面的东西。

不要总是盲测

虽然盲测可以减少偏见，但如果知道确切的咖啡信息，对品鉴者探索风味会更有帮助。对比不同的咖啡可以使其差异在神经层面上更明显。前面提到过神经性偏见，这里有一个例子。研究表明，当专业品鉴师从左到右品鉴时，一杯有瑕疵的咖啡，可能会使序列中下一杯样品喝起来比它实际的味道要更好。如果序列中没有瑕疵咖啡作对比，杯测者不会给出那么高的分数。[7]一杯咖啡对下一杯咖啡的影响称为残留效应。[8]

如果你是一位客观评估咖啡的专业人士，你会尽可能地减少这种残留效应。对于家庭品鉴者来说，对比品尝有助于我们巩固对不同风味特征的理解。我觉得残留效应可以帮助突出两种不同咖啡之间的差异，并帮你描述出这种差异。孤立地看，带有果味的咖啡可能喝起来与基本口味仅略有不同。但是当你喝了一杯果味风味，接着再喝一杯巧克力风味时，差异可能就很明显了。用科学术语来说，这就是"抑制释放"。当你喝到某种较强烈的味道，比如水果味，你的味蕾会适应它，不再敏锐地感知它。我相信你在闻气味的时候一定有过这样的经历：你在烤饼干，过了一会儿，你可能就闻不到这种香味了；但如果有另一个人走进厨房，他可能会说饼干味好香。咖啡也是如此：当你品尝另一种样品时，你所适应的风味在新样品中会显得减弱了，而对比的味道会显得更突出。[9]对于风味相似的咖啡来说，这种区别可能没有那么明显，但有一些解决方法。

在准备品尝已知信息的咖啡时，请确保按照咖啡的烘焙程度 / 细致程度 / 细微差异程度顺序来排列，从最浅 / 最精致的开始品尝。否则，强烈的味道可能会淹没你的味蕾，让你更难以察觉和欣赏那些细微的风味。在品尝葡萄酒时也推荐这样搭配，从最淡的白葡萄酒到最浓郁的红葡萄酒。

一种简单有趣的品鉴方法是准备各种烘焙度的咖啡。正常情况下我指的是从"浅烘"到"深烘"的咖啡，但这个问题很棘手。许多手工烘焙商压根不写是深烘还是浅烘，而大的精品咖啡品牌的"浅烘"豆，实际上烘焙程度和手工烘焙商的比要深得多。

如果你不知道该怎么选咖啡豆，可以让当地的烘焙师或咖啡师为你挑选。只需将你的目的告诉他们：想品尝各种不同的烘焙风格。在这里，我为每个类别提供了至少一个建议。要给出具体的建议并不容易，因为我接触到的咖啡并不是在哪儿都能买到的。此外，咖啡是一种季节性产品。单一产地的咖啡通常不会全年供应，与全年供应的拼配咖啡相比，单一产地的咖啡往往具有更多样的风味属性。

– 你能找到的最浅烘的咖啡。 如果可以的话，试试斯堪的纳维亚的烘焙商。他们使用现代烘焙方式，口味偏淡。我喜欢的两家斯堪的纳维亚烘焙商是Coffee Collective（丹麦）和摩根（Morgor，瑞典）。当然，还有很多烘焙商可供选择。

– **浅度烘焙咖啡**。试试埃塞俄比亚莫德咖啡（Mordecofe）或卢旺达醐耶山（Huye Mountain）咖啡，这两种在美国树墩城咖啡（Stumptown Coffee Roasters）会销售半年。[10]

– **中度烘焙咖啡**。试试美国树墩城的霍勒山（Holler Mountain）或赫姆斯德（Homestead）。

– **星巴克黄金烘焙咖啡**，如闲庭综合。

– **星巴克中度烘焙咖啡**，如派克市场。

– **星巴克深度烘焙咖啡**，如佛罗娜。

双重盲测

这种杯测法需要两个人参与，大家都不知道品尝的是哪种咖啡。准备过程有点复杂，在杯测过程中，这种方法需要在4分钟的冲泡时间内完成。你可以按照第150页的方法准备，事先知道桌上有哪些样品，但在冲泡咖啡时，随机摆放样品，这样你们都不知道顺序。你需要在杯子上做记号并在4分钟冲泡时间内擦掉标记。我推荐用彩色记号笔，并用手机摄像头来记录整个过程。

步骤一
参与者 A 用不同的颜色给每个杯子做标记。

步骤二
参与者 A 记下样品对应的颜色，然后将杯子重新排列。

步骤三
参与者 B 使用别的颜色，再次在杯子上做标记。

步骤四
参与者 B 对杯子拍一张照片，然后擦掉 A 做的记号，并打乱顺序。

　　具体步骤如下：B 不在场的情况下，由 A 摆放杯子初始位置。开始时只有 A 知道顺序。在下面的例子中，有三个样品，按照以下顺序排列：埃塞俄比亚、巴拿马和巴西。

　　1. 当 B 不在房间时，A 用不同颜色的记号笔在每杯咖啡上做标记。例子中，A 将埃塞俄比亚标记为红色、巴拿马标记为蓝色，巴西标记为绿色。【如果你正在进行三角杯测（请参阅第163页），虽然其中两杯是相同的，你仍然需要用不同的颜色标记每个杯子。】

2.A 记下样品分别对应的颜色，然后打乱顺序。例子中新的顺序是巴拿马（蓝色）、埃塞俄比亚（红色）和巴西（绿色）。A 与 B 交换位置，但不能让 B 看答案。

3. 现在 B 独自一人在房间里面对着杯子：看到的顺序是——蓝色、红色、绿色——但不知道哪杯是什么咖啡。B 使用不同的颜色对每个样品添加二次标记。在本例中，B 的标记为橙色（蓝色）、紫色（红色）和黑色（绿色）。

4.B 拍一张照片以记录两组颜色，然后擦掉第一组标记（蓝色、红色和绿色）并将杯子重新排序。A 回到房间，B 不向 A 展示照片。

现在，A 和 B 都不知道哪个杯子里是哪种咖啡。当计时器响后，开始破渣，进行常规杯测。杯测结束后，A 和 B 展示纸上和照片中的信息，揭晓咖啡的顺序。

自己进行盲测

如果是自己品尝，也可以安排盲测。首先确保使用相同的杯子，即你无法从外观上找到蛛丝马迹。在每个杯子的底部贴上你要冲泡的咖啡的标签，然后倒入咖啡粉。在开始评估香味之前，闭上眼睛随机排列杯子的顺序。然后你就可以进行剩下的环节了（参见第 150 页）。品尝完后，通过每个杯子底部的标签揭晓咖啡的信息。

嘘! 不要影响别人的意见!

　　如果你和朋友们一起盲测，请不要在杯测过程中谈论你的想法。房间里品鉴者的意见可能会影响其他人的观点，这被称为"社会偏见"。当给出意见的人被其他人认为是最老到的品鉴者时（权威偏见），影响会更大。人们倾向于追随权威并融入群体。[11] 因此，请默默写下自己的想法，在杯测结束之前不要透露。事实上，杯测时每个人都应该尽量保持"冷漠"，面部表情、手势和一些其他非语言交流都会影响他人的观点。

如何进行三角杯测

　　三角杯测是一种感官测试，可以看看一个人是否能区分出两种不同的咖啡。在三角杯测中，你要从三个样品中找出不同的那一杯。这三个样品称为三元组，两杯是相同的咖啡，有一杯是不同的。目标是找出不同的那杯就行，不一定需要说出差异在哪儿。三角杯测在专业咖啡界很常见，Q级品鉴师必须通过三角杯测测试才能获得认证。世界咖啡杯测大赛也采用三角杯测。其他咖啡专业人士，例如烘焙师和咖啡师，也可能会用三角杯测作为日常感官训练和口感校对的方式。你可以用这个方法来测试自己的辨别能力。这种杯测法非常有趣!

　　由于三角杯测关注的是差异，所以有两杯必须是完全相同的，这点非常重要。SCA 建议用分组冲泡的方式进行三角杯测，这样两个相同的样品来自同一次冲泡，可以保证一致性。[12] 然而，最佳实践还规定，其他因素也都应该控制，包括保持温度相同，我对此表示赞同。前面已经提到过，在家冲泡可能很难实现这点。同样，你可以选择在一家可以同时为你提供两种不同咖啡的咖啡店进行品尝，或者将咖啡装到保温杯中带回家，并用温度计检查温度。

尽管如此，普通杯测法也可以获得不错的效果（参见第 150 页）。三角杯测只需遵循相同的步骤，确保其中两个样品相同，一个不同。然而，在设置三角杯测时，重要的是要尽可能仔细，减少无意间造成的差异，尤其是在磨豆和量粉时。由于冲煮时的颜色可以看出差异，所以要使用不透明（最好是黑色）的杯子保证真正意义的盲测（参见第 156 页）。

三角杯测是测试一个人味觉辨别能力的绝佳方法，特别是进行连续多次测试。从统计上看，一个人能连续多次得出正确答案的偶然性是很小的。例如，一个人偶然在 6 次三角杯测中做对 5 次的概率仅为 1.8%（约 100 次出现 2 次）。[13] 这意味着，如果你连续做 6 次三角杯测，其中有 5 次做对，那么你区分咖啡的能力非常之强，并非偶然事件！

三角杯测的主旨

三角杯测可以很简单，也可以很难。例如，区分浅烘和深烘的咖啡可能很容易（因为差别很明显），而区分两种不同的肯尼亚咖啡可能很难（因为差异很细微，取决于具体的咖啡）。除了概述，我没有任何方法来衡量我推荐的三角杯测的难度，但你可以通过实践来找到答案。如果你和一群朋友一起进行测试，可以合理地推断答对的人多的那组难度较低，答对人的少的那组难度较高。

你可以用第 155 页中"轻松随意一点的玩法"中推荐的一组或所有搭配进行三角杯测。你还可以使用三角杯测来测试你对基本味道和其他属性的辨别能力。这里还有更多的组合。祝你玩得开心，创造属于自己的测试！

· **标准咖啡与浓咖啡**：使用相同的咖啡豆，以标准比例冲泡两个样品，再以高浓度比例冲泡第三个样品（即增加粉量，但水量不变）。例如，如果你平时杯测是用 220 克水和 12 克粉，那第三杯增加到 15 克粉量。比例差值越高，三角杯测难度越小；差值越低，难度越大。你也可以用标准咖啡和淡咖啡来做这个测试（也就是说减少粉量，水量不变）。

· **标准咖啡与添加酸度的咖啡**：使用相同的咖啡豆，以相同的方式冲泡三个样品。（此测试非常适合批量冲泡，因为只用到一种咖啡。只需冲泡一大壶咖啡后等量倒入三个杯子中。）往一份样品中添加 5 克浓度约 0.05% 的柠檬酸溶液（第 036 页）。添加得越多，识别难度越低。你可以使用五个基本味道参照物来做这个测试。通过增加或减少的剂量，你可以看出自己的检测阈值！

还记得前面提到的神经性偏差吗？——在品尝时，杯子的位置会体现这种偏差。这也会影响三角杯测。如果不同的那一杯放在中间位置，我们会更容易发现。为了避免这种情况，专业人员会随机安排杯子顺序，并进行多次测试。如果你真的想测试自己，不妨也像专业人士那样调整你的杯测。例如，如果第一次测试有两份 A 咖啡和一份 B 咖啡，那么下一次测试就设置成两份 B 咖啡和一份 A 咖啡。[14]

品鉴的方法和提示

我们都知道如何品尝所吃的食物，但本节我们将探讨如何试着利用我们的生理机能来最大程度地辨别和识别咖啡风味。这部分将帮助你更有意识地品尝，无论是品鉴自己日常冲煮的咖啡、和朋友们一起品鉴，还是做三角杯测测试自己的味觉。本节还有如何使用风味轮来帮助识别风味的建议。

如果你真的想深入了解，我建议你在品尝新的咖啡或者进行挑战自己的练习和测试时做笔记。记录有助于将信息牢记在心并加深印象，同时也方便查找，以在回顾时更好地唤起记忆。对于那些喜欢程序化方法的读者，我在书后提供了咖啡品鉴表（参见第186页），你可以用它来做品尝指导。你也可以从 jessicaeasto.com/coffee-tasting-resource 下载此表。

品鉴方法

在开始品尝之前，请重新回顾我们在第一章中讨论过的体验阶段。回想一下，咖啡体验是从鼻子开始的，我们用鼻子来嗅咖啡干粉（香味）和煮好的咖啡（香气）。随后咖啡进入嘴里，我们就会体验到风味（基本味道 + 口感 + 鼻后嗅觉）。但还没有结束。我们喝咖啡时感受到的风味通常和喝完后留在嘴里的味道（余韵）明显不同。在喝咖啡时你可以用一些技巧来帮助识别咖啡风味。

·啜饮。这是专业咖啡师的标志性技巧，有些咖啡师将这个动作做得相当夸张。这很容易被人笑话，但他们这样做是有原因的。啜饮时，你要迅速将少量咖啡（从杯测勺或杯子中）吸入口腔，喷洒到整个上颚。这不仅让整个舌头都有机会加入品鉴大会，还有助于芳香化合物蒸发和被推送到喉咙后部，并进入鼻腔。我认为有些人之所以不敢这么做，是因为他们看到别人啜饮的声音太大，但其实啜饮的效果并不是靠声音的大小来衡量的。你也可以只发出小小的啧啧声。

·吞咽后呼气。吞咽后呼气是啜饮的后续。它迫使空气从口腔进入鼻腔，再从鼻孔排出，让鼻腔嗅觉更有机会检测到芳香物质。先深深吸一口气，接着啜吸、吞咽，然后用鼻子慢慢呼气。你可以将检测味道的时间延长一些，让大脑有时间进行神奇的计算和回忆。在关注余韵时，我也喜欢深吸一口气，咽下（这样口腔中就没有咖啡了），然后用鼻子慢慢呼气。

· 用舌头搅动咖啡。在判断口感时，可以再多喝一口，并只关注这一口。抿一口咖啡，含在嘴里，然后用舌头压着它。缓慢地上下、左右移动舌头，专注于舌头和两腮察觉到的触感。如果你无法区分感觉和味道，可以堵住鼻子以屏蔽芳香成分。

一般来说，在培养味觉品尝咖啡时，最好只喝一两小口。CoffeeMind 的感官科学家、《感官基础》（*Sensory Foundation*）一书的作者艾达·斯蒂恩（Ida Steen）建议喝咖啡时"小口品尝咖啡，每一口在嘴里停留几秒钟"。[15] 这是因为你的味觉会对第一口和第二口最敏感。她还建议每口之间间隔 15 到 60 秒。

其他提示

· 让咖啡稍微冷却。一般而言，高温下我们对风味不太敏感，因此最好在品尝之前先把咖啡稍微冷却一下。当然了你也不想被烫伤。艾达·斯蒂恩建议先将咖啡冷却至 54℃ 左右再品尝。[16] SCA 杯测规定，待咖啡冷却至 71℃ 后开始品尝，也就是杯测时，往杯子注满热水后等待 8 到 10 分钟。这是啜饮的最佳时间，因为芳香物质在这个温度下强度达到最大。此外，SCA 建议在温度低至室温 37℃ 后评估其他要素，并在咖啡降到 21℃

后停止品尝。[17] 我们可能不必考虑这些，但我建议在冷却过程中多喝几口同一款咖啡，这是一个有趣的练习。我们已经知道，咖啡的风味在冷却时会发生变化，这主要是因为不同的化合物会在不同的温度下活跃（或不活跃）。这个练习很好地体现出咖啡风味的变化。

· 不要分散你的感官注意力。避免喷香水或回避其他强烈的气味，在品尝前不要抽烟。气味会妨碍你察觉咖啡中细微的味道，而抽烟往往会影响你的味觉和嗅觉（无论是短期还是长期）。[18]

· 避免感官疲劳。当口腔和鼻子中的感觉受体在物理或化学上饱和时，就会产生感官疲劳，从而无法有效地察觉到它们本该察觉的内容。当你品尝大量咖啡时，这种情况可能会发生。为了避免这种情况，请将每次品鉴的咖啡数量控制在 3 到 5 种。你还可以在尝和闻的过程中停一下，让味蕾和嗅觉受体休息一下。不过休息的时候不要吃或喝其他美味的东西。下一个小提示会解释为什么。

· 避免残留效应。我在前面解释了为什么我认为依次品尝不同的咖啡有助于突显差异。但有些时候，尤其是当咖啡风味特别相似的时候，事情可能会变得混乱。科学发现，品鉴者通常会觉得第一杯咖啡的味道和香气更加浓郁。如果第一杯品尝的样品是你这段时间以来喝的第一杯咖啡，那么这点就尤为明显。为了避免这种情况，请使用口腔清洁剂，并在品尝样品之间留出一些时间。常见的味觉清洁剂有白开水、苏打水和无盐饼干。在品尝每个样品的间隙清洁你的口腔。你还应该避免在品鉴过程中进食，因为强烈的味道和风味会导致适应和"抑制释放"（参见第 158 页）。

建立自己的语言体系

通过三角杯测区分出不同的样品是一回事，但描述出之间的不同又是另外一回事。当我们要描述时，必须使用自己的语言来表达，本书的大部分内容是在帮你建立词库，以便在需要时能找到对应的词。但你能在品鉴当下找到合适的词条吗？这是最难的一个环节。

我设计了一个咖啡品鉴表（第 186 页），用于指导你品尝。当你开始学习如何品尝和描述时，也许会发现这对你有帮助。我建议将咖啡品鉴表与咖啡风味轮（第 184 页）结合使用，以帮助你确定词条。本小节将提供执行此操作的一些指导。

·第一个想法，就是最好的想法。假如你暂时不想深入研究，或者说想简单化，记下你喝第一口咖啡时的第一个想法或联想到的东西。记住，风味（尤其是香气）与记忆密切相关。抓住最开始的这些星星点点可以帮助我们理性地了解之后发生的事情。这是我生活中最喜欢做的事之一。我喜欢闻到一种气味后就能立刻被带回过去。你一定还记得我之前分享过的关于操场的故事。最后我意识到，这是因为操场里存放的干草也有类似的甜味、泥土味和谷物味。如果你联想到什么东西，请写下来，

了解混合抑制

本书的前面提到过，机器无法像人类一样感知味道。部分原因是机器无法复制人类体验风味的方式。"混合抑制"这个科学概念很好地说明了这一点，我认为它也部分解释了为什么合理地预测咖啡里的风味是如此困难。混合抑制意味着，当单独品尝单个成分时，我们感知到的强度很大，但当它们混合到一起时，每个成分的强度都会减弱。你可以尝试将第二章中做过的基本味觉参照物随意组合起来验证一下。

你需要准备

- 两种基本味觉参照物，例如浓度约为1.0%的糖溶液（第041页）和浓度约为0.05%的柠檬酸溶液（第036页）

- 三个相同的小杯子

在第一个杯子中倒入一些糖溶液，在第二个杯子中倒入一些柠檬酸溶液，在第三个杯子中倒入等量的二倍浓度糖溶液和二倍浓度柠檬酸溶液。品尝纯糖溶液，留意浓度，然后品尝糖和柠檬酸的混合溶液，留意这杯的浓度。柠檬酸溶液也是同样的做法，先品尝纯溶液，再品尝混合溶液。

虽然混合物中糖的浓度（强度）与纯溶液相同，但尝起来可能没有那么甜。柠檬酸溶液也是如此。

不需要想太多。然后继续品尝，有需要的话稍后再回来看。

· 不要忽视和颜色的联系。有时，当你喝咖啡时可能会发现某个属性很熟悉，但又无法找到一个确切的词。有时你可能会觉得，"它尝起来是红色的"或"这让我想起了绿色"。这些都是有用的线索。我们的大脑会将味道和颜色联系起来，这就是为什么风味轮是彩色的。如果你觉得某样东西尝起来是"红色"的，请到风味轮的红色部分寻找风味属性。如果某种东西尝起来是"深色"或"棕色"，你可以从烘焙的褐变过程中产生的属性（烘烤味、坚果／可可味等）入手，这些属性在风味轮上呈棕色绝非巧合。你的记忆可能是由你发现的东西触发的。

· 从风味轮的中心开始练习。注意，风味轮的中心是最大类别的属性，这些风味都是本书的重点关注内容。人们总是想要尽可能具体，但我发现如果你从中间开始慢慢往外扩展，更容易做到准确无误。问自己一些大方向的问题，以帮助缩小范围："这咖啡是酸还是苦？""这咖啡喝起来甜吗？如果甜，它让我想起了什么，花还是水果？""是水果味更浓，还是坚果／可可味更浓？"这只是几个例子。假如你确定了是果味的大类，可以查看下一行属性找到更具体的类别。你可以试着确定这种果味是新鲜水果属性、干水果属性，还是柑橘类水果属性。

· 在基本属性的基础上展开。正如我们在第四章中了解到的，词典和风味轮中列出的许多属性都可以解析为更简单的说明。例如，"果味"的描述是"各种成熟水果的甜、花香、芳香混合在一起"（强调"混合"）。我们还知道，果味属性与酸属性通常是相辅相成的。如果你确定喝到了果味，你可以从果味属性入手，进而查看风味轮的其他区域。如果是从果味开始，你可以先研究下风味轮里的酸属性，看看能否在咖啡里找到柠檬酸或苹果酸的味道。这可能会给你提供一个线索，让你知道自己品味到的是哪种水果属性。反之亦然。如果你能同时喝到酸味和甜味，那么就看看果味部分是否有什么能唤起你的回忆。

· 谨记咖啡可能具有多重叠加的特征。一杯咖啡可能有不止一个主要味道特征，因此你可能需要在风味轮上多次查找。

· 不要忘记口感! 风味轮上没有词典中的口感属性。所以我在品鉴表上添加了口感这一项。

～～～～～

咖啡是有史以来最复杂的饮品之一，尽管我们每天都对它的了解更多一些，可是在可预见的未来，我们可能依然无法了解咖啡风味的全貌。但通过广泛地、有意识地和主动地品尝咖啡，我们可以在更深、更直观的层面上理解咖啡。我希望这本书能够帮助你培养自己的味觉和语言系统，完善你对日常冲煮咖啡的理解，并让你更轻松地与其他咖啡爱好者交流。咖啡最令人兴奋的特点之一，是它的味道可以以无限的方式呈现在杯中。挑战我们的感觉系统，放慢脚步、细细品味，欣赏大自然的复杂性和我们为迎接它而进化出的能力。

致谢

　　首先，也是最重要的一点，要衷心感谢我那些无私的志愿者，他们为本书中的练习提供了帮助：Max Schleicher、Karly Zobrist、Dan Paul、M. Brett Gaffney-Paul、Eric Pallant、Sue Pallant、Eric Schuman、Andrew Russell、Morgan Krehbiel 和 Connie Sintuvant。你们的反馈意见非常宝贵，我相信这本书的读者也会对你们表示感谢！

　　还要感谢我的家人当我的编外品鉴者，当我说："嘿，闭上眼睛，尝尝这个""把这个不知道是什么的东西放进嘴里""告诉我这种气味让你想起了什么"时，他们总是乐此不疲。谢谢你，Andreas，一直以来都是我的听众、常驻咖啡专家和首席小白鼠。可以说，如果没有你在我身边，我不会如此痴迷咖啡，这是你给我的生活带来的众多乐趣之一！

　　感谢我写作小组的伙伴 Brenna Lemieux、Janelle Blasdel、Anca Szilagyi 和 Michael Kent。感谢你们忍着不愉快阅读和评论这本书未经打磨的手稿，非常感谢你们挑剔的精神和全方位的反馈。

　　感谢德保罗大学（DePaul University）的每一位图书馆管理

员，他们帮助我找到了许多偏门的感官科学文章；感谢 SCA 让我参加感官峰会并复制《咖啡风味轮》；感谢世界咖啡研究中心允许我使用《世界咖啡研究感官词典》中的内容；感谢 First Crack 给我机会参加了感官初级和感官中级课程以作为本书研究的基础。我还要感谢《心智》(Psyche) 杂志（网址：psyche. co) 委托我撰写一篇关于享受咖啡的文章，这篇文章帮助我梳理了本书的思路；感谢范德比尔特大学咖啡公平实验室（Vanderbilt University Coffee Equity Lab) 邀请我参加关于咖啡行业公平获取信息和教育的座谈会。我是家庭咖啡爱好者的代表，与 Brian Gaffney、Veronica Grimm（来自 Glitter Cat Barista）和 Julio Guevara（来自 Perfect Daily Grind）的谈话鼓舞了我继续这个项目，让我相信我这个外行人的视角是正确的，这真的不容易。

感谢我的出版商 Doug Seibold，以及帮助我润色本书的 David Schlesinger、Karen Wise 和 Amanda Gibson。如果还是遗憾地出现了错误，那是我自己造成的。还要感谢 Morgan Krehbiel，他为本书设计了封面和内页，并画了插图。你的才华无边。

最后，感谢曾经阅读、购买、推荐或评论过《手工咖啡》的每一个人。你们都是最棒的！

延伸阅读

以下资源给我的研究工作提供了极大的帮助，并且让我深入了解了我只能在本书中浅尝辄止的问题。如果你有兴趣了解更多有关感官知觉的知识，可以从这些资源入手！

Chemesthesis: Chemical Touch in Food and Eating by Shane T. McDonald, David A. Bolliet, and John E. Hayes (editors). 这本书全面介绍了目前对化学感知（躯体感觉的"化学触觉"方面）的研究和理解。虽然该书是为学术界读者撰写的，但我发现其中大部分章节很通俗易懂。

Coffee Sensory and Cupping Handbook by Mario Roberto Fernández-Alduenda and Peter Giuliano. 这是精品咖啡协会关于杯测和咖啡感官科学的综合指南。这本书是为咖啡专业人士和科学家撰写的，但消费者读起来也会很有意思。

Mouthfeel: How Texture Makes Taste by Ole G. Mouritsen and Klavs Styrbæk. 这本书对我们的触觉如何在口腔中发挥作用进行了精彩的分析。它既是一本非常有趣的读物，也是对该领域最新科学研究的实用总结。

Neurogastronomy: How the Brain Creates Flavor and Why It

Matters by Gordon M. Shepherd. 这是一本令人着迷的书，探讨了我们如何以及为什么能感知味道，他开创了一个新的研究领域——神经美食学。谢泼德于 2022 年 6 月去世，当时我正在撰写这本书的书稿。

Tasting and Smelling: Handbook of Perception and Cognition, Second Edition, by Gary K. Beauchamp and Linda Bartoshuk. 这本书为学术界读者提供了一个很好的关于味觉和嗅觉系统如何工作的概述。该书出版于 1997 年，有些细节可能已经过时，但如果想要了解这两种感知模式，这本书仍然是值得入手的好书。

The Coffee Sensorium (@thecoffeesensorium), the Instagram of Fabiana Carvalho. 法比娜·卡瓦略是一位专门研究精品咖啡（和巧克力）的味觉和多重感官体验的神经科学家。她进行了大量的有趣研究，帮助咖啡专业人士向消费者传达咖啡感官特性。

The Scent of Desire: Discovering Our Enigmatic Sense of Smell by Rachel Herz. 这本书探讨了常常不被重视的嗅觉系统。

Water for Coffee by Maxwell Colonna-Dashwood and Christopher H. Hendon. 如果你想了解水的化学性质是如何影响咖啡的，这本书是最佳选择。它的科学性很强，但写得能让普通读者很好地理解。

World Coffee Research Sensory Lexicon. 此词典介绍了咖啡味道属性及其参照物。最新版本可在世界咖啡研究中心的网站上免费获取。

名词释义

B

杯测：一种冲泡和品鉴咖啡的方法，其目的是尽可能地减少评估咖啡时的偏见。

鼻后嗅觉：鼻子呼气时，气味物质从口腔进入鼻腔时发生的气味感受。

鼻前嗅觉：鼻孔将气味吸入鼻腔时，人对气味的感觉。

不溶：不能在液体（多指水）中溶解。

C

超级味觉者：从基因上来说，比普通人更能感受到味道的人。

触感：咖啡触觉特质的表征，主要包括醇厚度和质地。另见：口感。

萃取：将水和烘焙咖啡粉混合在一起，将咖啡（固体）中的风味化合物转移到水（液体）中；也可以指萃取百分比，即衡量在冲煮过程中有多少咖啡物质进入杯中的标准。

萃取不足：咖啡粉与水接触的时间太短，导致冲煮出令人不快的酸味。

D

单品咖啡：来自单一产区的咖啡，咖啡的种植时间和地点有独特特征。

F

粉量：冲泡一杯咖啡所用的咖啡粉量。

风味：一般来说，指感官输入（特别是味道、气味和口感）的结合，让我们能识别出正在吃什么和喝什么；在咖啡品鉴中，具体指啜饮咖啡的第三个评估阶段。

风味描述：用于描述咖啡风味的词语。

G

干处理法：一种咖啡处理技术，让咖啡豆和果肉一起干燥后再分离；也称为日晒处理法。

感官参照物：你能闻到或品尝到的代表一个感官属性的具体东西。

感官属性：我们在品尝咖啡时用来描述风味和香气特征的词语；另见：**感官参照物**。

感官素养：识别和表达味道的能力。

过度萃取：咖啡粉与水接触的时间过长，导致冲煮出令人不愉快的苦味和涩感。

H

化学感知：我们的体感系统对化学刺激而不是物理刺激做出反应的结果，例如辣椒中辣椒素引起的烧灼感。

挥发性化合物：易挥发的化合物，或易从液态、固态转变为气态的化合物；气味物质是有气味的挥发性化合物。

J

基本味道：甜、酸、苦、咸和鲜味；由味觉受体检测到的味觉物质引起。

精品咖啡协会：代表全球精品咖啡行业并为其提供服务的专业组织。

K

咖啡风味轮：由精品咖啡协会和世界咖啡研究中心开发的可视化工具，可帮助品鉴者识别咖啡的风味属性。

咖啡感官科学：一个研究分支，旨在了解人类如何通过感官感知咖啡：味觉、嗅觉、触觉（口感）、视觉和听觉。

口感：口腔内的体感输入的总称，主要有温度、涩感、醇厚度和质地等；另见：触感。

M

盲测：在不知道自己喝的是哪种咖啡的情况下做品鉴。

美拉德反应：氨基酸与还原糖之间的一组化学反应，生成烹饪过程中的褐色产物及部分风味。

P

拼配：拼配咖啡，由至少两种不同的咖啡豆（品种、产地等不同）拼配成的咖啡；由烘焙商提供的全年一致的产品。

Q

气味：用于描述嗅觉感官结果的通用术语。

气味物质：与气味受体相互作用的化合物。

S

三角杯测：一种鉴别品尝法，品鉴者需尽量从三组样品中找出不同的那组。

涩：舌头发干。

生豆：未经烘焙的咖啡豆。

湿处理法：一种咖啡处理法，指在干燥之前先把咖啡豆上的果肉去除；也称水洗处理法。

《世界咖啡研究感官词典》：世界咖啡研究中心编写的资料，其中包括已在咖啡中确定的 110 种感官属性及其相应的感官参照物。

酸度：一杯咖啡的酸味。

T

体感：我们的触觉。

W

味觉：我们尝东西的感觉。

味觉物质：与味觉受体相互作用的化合物。

闻香瓶：一种感官训练工具，包含 36 种咖啡中的香气；咖啡专业人员用它来训练自己的嗅觉。

X

香气（咖啡味道）：咖啡品鉴的第二个评估阶段，在你喝咖啡之前闻到的味道；另见：**香味、嗅觉**。

香味：咖啡品鉴的第一个评估阶段，在这一阶段，你会闻到新鲜研磨咖啡豆的香味；另见：**香气、嗅觉**。

享乐价值：描述感官知觉的愉快或不愉快程度。

嗅觉：我们闻东西的感觉；另见：**鼻前嗅觉、鼻后嗅觉**。

Y

余韵（咖啡味道）：当你吞下一小口咖啡后，口腔中残留的味道给你带来的感觉；咖啡品鉴的最后评估阶段。

阈值：一个人对感官刺激的敏感度；阈值低的人可以在低浓度下察觉和识别出味道和气味，而阈值高的人则需要更高的浓度才能察觉。

咖啡
风味轮

黑巧克力
巧克力
杏仁
榛子
花生
丁香
肉桂
豆蔻
茴香
麦芽
谷粒
烘烤
烟熏
烟灰
刺鼻
橡胶
臭鼬
石油
药品
咸
苦
咸肥
肉汤
动物气息
发霉 泥土
陈腐 潮湿
木头
纸板
硬纸板
陈腐

糖浆
枫糖浆
焦糖
蜜糖

糖浆

丁香
香草
香草醛
有其本质酚
气息甜甜

坚果

可可

棕色香料

胡椒
辛辣刺激

谷物

烧焦

烟草
烟丝

化工味

纸张、发霉

甜味

坚果/
可可味

香料味

烘焙味

其他

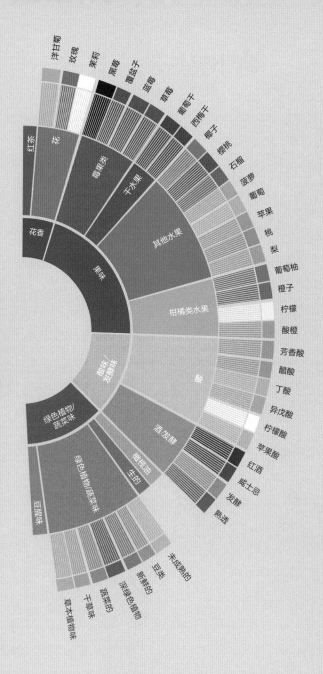

甘菊
玫瑰
茉莉
黑莓
覆盆子
蓝莓
草莓
葡萄干
西梅干
椰子
柑橘类
石榴
菠萝
葡萄
苹果
桃
梨
葡萄柚
橙子
柠檬
酸橙
芳香酸
醋酸
丁酸
异戊酸
柠檬酸
苹果酸
红酒
威士忌
发酵
熟透
未成熟的
豆类
新鲜的
蔬菜的
深绿色植物
草本植物味

红茶
花
莓果类
干水果
其他水果
花香
果味
柑橘类水果
酸
酸味/发酵味
酒发酵
绿色植物/蔬菜味
腌制油
生的
豆腥味
绿色植物/蔬菜味

185

咖啡品鉴表

烘焙商：

例子：咖啡实验室

单品 / 拼配：

例子：危地马拉

生产商：

例子：可乐庄园

地点 / 日期：

例子：家中 / 2024 年 1 月 8 日

海拔：

例子：1859 米

豆种：

例子：瑰夏

烘焙日期：

例子：2023 年 12 月 28 日

冲煮方式：

例子：滴滤，法压壶

初步品尝记录

闻过、尝过咖啡后，利用这部分内容整理你的思路。
在这里不必担心用词是否恰当。最开始的记忆和联想都是很好的起步。

香味

香气

风味

余韵

评价以下咖啡特质，在每个量表上做标记。

基本味道

甜

苦

酸

鲜

口感

重量

薄 ———————————————— 厚

涩感

低 ———————————————— 高

温度

冷 ———————————————— 热

质地
- ☐ 丝滑
- ☐ 粗糙
- ☐ 油脂感
- ☐ 黏稠度 / 延续
- ☐ 奶油感
- ☐ 圆润
- ☐ 干净

烘焙特征

←————————————————————————→

未完全烘焙 /
绿色植物 / 生味道

咖啡豆特征　　　烘焙特征

烘焙过度 /
烧焦

风味和香气特征

- ☐ 果味
- ☐ 酸
- ☐ 花香
- ☐ 土豆瑕疵
- ☐ 新鲜
- ☐ 苹果酸
- ☐ 坚果
- ☐ 干水果
- ☐ 醋酸
- ☐ 可可
- ☐ 发酵味

笔记 ————————————————
　　 ————————————————
　　 ————————————————
　　 ————————————————

最终品尝记录

享乐价值 / 你喜欢吗？（1 到 10 分）————————————

参考文献

引言

1   Mario Roberto Fernández-Alduenda and Peter Giuliano, *Coffee Sensory and Cupping Handbook* (Irvine, CA: Specialty Coffee Association, 2021), 8.
2   Fernández-Alduenda and Giuliano, *Cupping Handbook*, 9.

阅读之前

1   Fernández-Alduenda and Giuliano, *Cupping Handbook*, 20.

第一章 咖啡风味：神秘的多模式组合

1   Mario Roberto Fernández-Alduenda and Peter Giuliano, *Coffee Sensory and Cupping Handbook* (Irvine, CA: Specialty Coffee Association, 2021), 6.
2   Fernández-Alduenda and Giuliano, *Cupping Handbook*, 7.
3   Fernández-Alduenda and Giuliano, *Cupping Handbook*, 43.
4   Harry T. Lawless and Hildegarde Heymann, *Sensory Evaluation of Food* (New York: Springer, 2010).
5   Fernández-Alduenda and Giuliano, *Cupping Handbook*, 37.
6   Fernández-Alduenda and Giuliano, *Cupping Handbook*, 41.
7   K. Talavera, Y. Ninomiya, C. Winkel, T. Voets, and B. Nilius, "Influence of Temperature on Taste Perception," *Cellular and Molecular Life Sciences* 64, no. 4 (December 2006): 377–381, doi.org/10.1007/

s 00018-006-6384-0.

8   Fernández-Alduenda and Giuliano, *Cupping Handbook*, 37.

9   Fernández-Alduenda and Giuliano, *Cupping Handbook*, 37.

第二章　咖啡和基本味道

1   Beverly J. Cowart, "Taste, Our Body's Gustatory Gatekeeper," Dana Foundation, April 1, 2005, dana.org/article/taste-our-bodys-gustatory-gatekeeper.

2   Bijal P. Trivedi, "Gustatory System"; Kumiko Ninomiya, "Science of Umami Taste: Adaptation to Gastronomic Culture," Flavour 4, no. 13 (January 2015),doi.org/10.1186/2044-7248-4-13.

3   Mario Roberto Fernández-Alduenda and Peter Giuliano, *Coffee Sensory and Cupping Handbook* (Irvine, CA: Specialty Coffee Association, 2021), 47–48; Yvonne Westermaier, "Taste Perception: Molecular Recognition of Food Molecules," *Chemical Education* 75, no. 6 (2021): 552–553, doi.org/10.2533/chimia.2021.552.

4   Gary K. Beauchamp and Linda Bartoshuk, *Tasting and Smelling* (San Diego: Academic Press, 1997), 30.

5   Cowart, "Taste."

6   Cowart, "Taste."

7   Appalaraju Jaggupilli, Ryan Howard, Jasbir D. Upadhyaya, Rajinder P. Bhullar, and Prashen Chelikani, "Bitter Taste Receptors: Novel Insights into the Biochemistry and Pharmacology," *International Journal of Biochemistry & Cell Biology* 77, part B (August 2016): 184–196, doi.org/10.1016/j.biocel.2016.03.005.

8   Laurianne Paravisini, Ashley Soldavini, Julie Peterson, Christopher T. Simons, and Devin G. Peterson, "Impact of Bitter Tastant Sub-Qualities on Retronasal Coffee Aroma Perception," *PLOS One* 14, no. 10 (2019), doi.org/10.1371/journal.pone.0223280.

9   Alina Shrourou, "Scientists Identify Receptor Responsible for Bitter Taste of Epsom Salt," News-Medical, April 8, 2019, www.news-medical.net/news/20190408/Scientists -identify-receptor-responsible-for-bitter-taste-ofc 2a0Epsom-salt.aspx.

10　Sara Marquart, "Bitterness in Coffee: Always a Bitter Cup?" Virtual Sensory Summit,Specialty Coffee Association, 2020.

11　Marquart, "Bitterness in Coffee."

12　Marquart, "Bitterness in Coffee."

13　Paravisini et al., "Impact of Bitter Tastant Sub-Qualities."

14　Fernández-Alduenda and Giuliano, *Cupping Handbook*, 49.

15　Mackenzie E. Batali, Andrew R. Cotter, Scott C. Frost, William D. Ristenpart, and Jean-Xavier Guinard, "Titratable Acidity, Perceived Sourness, and Liking of Acidity in Drip Brewed Coffee," *ACS Food Science & Technology* 1, no. 4 (March 2021): 559–569, doi. org/10.1021/acsfoodscitech.0c00078.

16　Melania Melis and Iole Tomassini Barbarossa, "Taste Perception of Sweet, Sour, Salty, Bitter, and Umami and Changes Due to l-Arginine Supplementation, as a Function of Genetic Ability to Taste 6-n-Propylthiouracil," *Nutrients* 9, no. 6 (June 2017): 541, doi. org/10.3390/nu9060541.

17　Fernández-Alduenda and Giuliano, *Cupping Handbook*, 49.

18　Fernández-Alduenda and Giuliano, *Cupping Handbook*, 49.

19　Edith Ramos Da Conceicao Neta, Suzanne D. Johanningsmeier, and Roger F. McFeeters, "The Chemistry and Physiology of Sour Taste: A Review," *Journal of Food Science* 72, no. 2 (March 2007): R33–R38, doi.org/10.1111/j.1750-3841.2007.00282.x.

20　Roberto A. Buffo and Claudio Cardelli-Freire, "Coffee Flavour: An Overview," *Flavour and Fragrance Journal* 19, no. 2 (March 2004): 100, doi.org/10.1002/ffj.1325.

21　Batali et al., "Titratable Acidity."

22　"Acids and Bases," Biology Corner, accessed August 25, 2020, www. biologycorner.com/worksheets/acids_bases_coloring.html.

23　Batali et al., "Titratable Acidity."

24　Batali et al., "Titratable Acidity."

25　Fernández-Alduenda and Giuliano, *Cupping Handbook*, 49.

26　Melis and Barbarossa, "Taste Perception."

27　Cowart, "Taste."

28　Allen A. Lee and Chung Owyang, "Sugars, Sweet Taste Receptors, and Brain Responses," *Nutrients* 9, no. 7 (July 2017): 653, doi. org/10.3390/nu9070653.

29 Lee and Owyang, "Sugars."

30 Julie A. Mennella, Danielle R. Reed, Phoebe S. Mathew, Kristi M. Roberts, and Corrine J. Mansfield, "'A Spoonful of Sugar Helps the Medicine Go Down': Bitter Masking by Sucrose among Children and Adults," *Chemical Senses* 40, no. 1 (January 2015): 17–25, doi. org/10.1093/chemse/bju053.

31 Specialty Coffee Association, "Less Strong, More Sweet," *25 Magazine*, November 28, 2019, https://sca.coffee/sca-news/25-magazine/issue-11/less-strong-more-sweet.

32 Specialty Coffee Association, "Less Strong."

33 Fernández-Alduenda and Giuliano, *Cupping Handbook*, 50.

34 "How Is It That Coffee Still Tastes Sweet, Even Though in Scientific Literature We're Told All—Or Almost All—the Sugars Have Been Caramelised," Barista Hustle, November 16, 2018, www. baristahustle.com/knowledgebase/how-is-it-that-coffee-still-tastes-sweet.

35 Specialty Coffee Association, "The Coffee Science Foundation Announces New 'Sweetness in Coffee' Research with the Ohio State University," SCA.coffee, December 20, 2022, sca.coffee/sca-news/the-coffee-science-foundation-announces-new-sweetness-in-coffee-research.

36 Melis and Barbarossa, "Taste Perception."

37 "Taste and Flavor Roles of Sodium in Foods: A Unique Challenge to Reducing Sodium Intake," in *Strategies to Reduce Sodium Intake in the United States*, eds. Jane E. Henney, Christine L. Taylor, and Caitlin S. Boon (Washington, DC: The National Academies Press, 2010).

38 Jeremy M. Berg, John L. Tymoczko, and Lubert Stryer, "Taste Is a Combination of Senses that Function by Different Mechanisms," in *Biochemistry*, 5th ed. (New York: W. H. Freeman, 2020).

39 "Why Your Coffee Tastes Salty + How to Fix It," Angry Espresso, accessed August 25, 2022, www.angryespresso.com/post/why-your-

coffee-tastes-salty-how-to-fix-it.

40   Melis and Barbarossa, "Taste Perception."

41   Nirupa Chaudhari, Elizabeth Pereira, and Stephen D. Roper, "Taste Receptors for Umami: The Case for Multiple Receptors," *American Journal of Clinical Nutrition* 90, no. 3 (September 2009): 738S–742S, doi.org/10.3945/ajcn.2009.27462H.

42   Chaudhari, Pereira, and Roper, "Taste Receptors for Umami."

43   "Umami: The 5th Taste Loved by a World Barista Champion: In 3 Videos," Perfect Daily Grind, July 1, 2016, perfectdailygrind.com/2016/07/umami-the-5th-taste-loved-by-a-world-barista-champion-in-3-videos.

44   Nicholas Archer, "Blame It on Mum and Dad: How Genes Influence What We Eat," The Conversation, September 28, 2015, theconversation.com/blame-it-on-mum-and-dad-how-genes-influence-what-we-eat-45244.

45   Archer, "Blame It."

46   Students of PSY 3031, "Supertasters," in *Introduction to Sensation & Perception*, University of Minnesota, pressbooks.umn.edu/sensationandperception.

47   L. C. Kaminski, S. A. Henderson, and A. Drewnowski, "Young Women's Food Preferences and Taste Responsiveness to 6-n-propylthiouracil (PROP)," *Physiology and Behavior* 68, no. 5 (March 2000): 691–697, doi.org/10.1016/S0031-9384(99)00240-1; Diane Catanzaro, Emily C. Chesbro, and Andrew J. Velkey, "Relationship Between Food Preferences and Prop Taster Status of College Students," *Appetite* 68 (September 2013): 124–131, doi.org/10.1016/j.appet.2013.04.025; Agnes Ly and Adam Drewnowski, "PROP (6-n-Propylthiouracil) Tasting and Sensory Responses to Caffeine, Sucrose, Neohesperidin Dihydrochalcone and Chocolate," *Chemical Senses* 26, no. 1 (January 2001): 41–47, doi.org/10.1093/chemse/26.1.41.

48   This exercise was adapted from taste expert Beth Kimmerle. You can see her demonstrate the exercise in *Wired*'s "Taste Support" video at youtu.be/MtMkU-1p7-0.

49   Catamo Eulalia, Navarini Luciano, Gasparini Paolo, and Robino Antonietta, "Are Taste Variations Associated with the Liking of Sweetened and Unsweetened Coffee?" *Physiology and Behavior* 244 (February 2022), doi.org/10.1016/j.physbeh.2021.113655.

50   Jie Li, Nadia A. Streletskaya, and Miguel I. Gómez, "Does Taste Sensitivity Matter? The Effect of Coffee Sensory Tasting Information and Taste Sensitivity on Consumer Preferences," *Food Quality and Preference* 71 (January 2019): 447–451, doi.org/10.1016/j.foodqual.2018.08.006; "Global Variation in Sensitivity to Bitter-Tasting Substances (PTC or PROP)," National Institute on Deafness and Other Communication Disorders, last updated June 7, 2010, https://www.nidcd.nih.gov/health /statistics/global-variation-sensitivity-bitter-tasting-substances-ptc-or-prop.

51   Nicola Temple and Laurel Ives, "Why Does the World Taste So Different?" *National Geographic*, last updated July 14, 2021, www.nationalgeographic.co.uk/travel/2018/07/why-does-the-world-taste-so-different.

52   Dunyaporn Trachootham, Shizuko Satoh-Kuriwada, Aroonwan Lam-ubol, Chadamas Promkam, Nattida Chotechuang, Takashi Sasano, and Noriaki Shoji, "Differences in Taste Perception and Spicy Preference: A Thai–Japanese Cross-Cultural Study," *Chemical Senses* 43, no. 1 (January 2018): 65–74, doi.org/10.1093/chemse/bjx071.

53   See, for example, Pierre Bourdieu, *The Logic of Practice*, trans. Richard Nice (Stanford, CA: Stanford University Press, 1990).

54   Karolin Höhl and Mechthild Busch-Stockfisch, "The Influence of Sensory Training on Taste Sensitivity," *Ernahrungs Umschau* 62, no. 12 (2015): 208–215, doi.org/10.4455/eu.2015.035.

55   "Taste and Flavor Roles."

56   "Can You Train Yourself to Like Foods You Hate?" BBC Food, accessed August 29, 2022, www.bbc.co.uk/food/articles/taste_flavour.

1　Christopher R. Loss and Ali Bouzari, "On Food and Chemesthesis: Food Science and Culinary Perspectives," in *Chemesthesis: Chemical Touch in Food and Eating*, eds. Shane T. McDonald, David A. Bolliet, and John E. Hayes (Hoboken, NJ: Wiley- Blackwell, 2016), 250.

2　Ole G. Mouritsen and Klavs Styrbæk, *Mouthfeel: How Texture Makes Taste* (New York: Columbia University Press, 2017), 4.

3　C. Bushdid, M. O. Magnasco, L. B. Vosshall, and A. Keller, "Humans Can Discriminate More Than One Trillion Olfactory Stimuli," *Science* 343, no. 6177 (2014): 1370–1372, doi.org/10.1126/science.1249168.

4　Andrea Büttner, ed., *Springer Handbook of Odor* (New York: Springer, 2017).

5　Mouritsen and Styrbæk, *Mouthfeel*, 4; Peter Tyson, "Dogs' Dazzling Sense of Smell," PBS, October 3, 2012, www.pbs.org/wgbh/nova/article/dogs-sense-of-smell.

6　Gordon M. Shepherd, *Neurogastronomy: How the Brain Creates Flavor* (New York: Columbia University Press, 2012), specifically chapters 6, 7, and 8. I highly recommend this book for an overview of the full science, which I don't dare try to summarize here.

7　Büttner, *Handbook of Odor*.

8　Charles Spence, "Just How Much of What We Taste Derives from the Sense of Smell?" *Flavour* 4, no. 30 (2015), doi.org/10.1186/s13411-015-0040-2.

9　Meredith L. Blankenship, Maria Grigorova, Donald B. Katz, and Joost X. Maier, "Retronasal Odor Perception Requires Taste Cortex but Orthonasal Does Not," *Current Biology* 29, no. 1 (2019): 62–69, doi.org/10.1016/j.cub.2018.11.011.

10　Mario Roberto Fernández-Alduenda and Peter Giuliano, *Coffee Sensory and Cupping Handbook*, (Irvine, CA: Specialty Coffee Association, 2021), 43.

11　Fernández-Alduenda and Giuliano, *Cupping Handbook*, 43.

12 Fernández-Alduenda and Giuliano, *Cupping Handbook*, 43.

13 Fernández-Alduenda and Giuliano, *Cupping Handbook*, 43. *Uncommon* potent odorants are often associated with off-flavors and defects.

14 Fernández-Alduenda and Giuliano, *Cupping Handbook*, 43–45.

15 Mouritsen and Styrbæk, *Mouthfeel*, 22.

16 Jie Liu, Peng Wan, Caifeng Xie, and De-Wei Chen, "Key Aroma-Active Compounds in Brown Sugar and Their Influence on Sweetness," *Food Chemistry* 345 (2021), doi.org/10.1016/j.foodchem.2020.128826.

17 Mouritsen and Styrbæk, *Mouthfeel*, 5

18 Shepherd, *Neurogastronomy*, 131.

19 Fernández-Alduenda and Giuliano, *Cupping Handbook*, 52.

20 Christopher T. Simons, Amanda H. Klein, Earl Carstens, "Chemogenic Subqualities of Mouthfeel," *Chemical Senses* 44, no. 5 (2019): 281–288, doi.org/10.1093/chemse/bjz016.

21 Steven Pringle, "Types of Chemesthesis II: Cooling," in *Chemesthesis: Chemical Touch in Food and Eating* (Hoboken, NJ: Wiley-Blackwell, 2016); Mouritsen and Styrbæk, Mouthfeel, 5.

22 Christopher T. Simons and Earl Carstens, "Oral Chemesthesis and Taste," in *The Senses: A Comprehensive Reference*, 2nd ed. (Cambridge, MA: Elsevier, 2020), doi.org/10.1016/B978-0-12-809324-5.24138-2.

23 Mouritsen and Styrbæk, *Mouthfeel*, 8–9; try the chip experiment with a friend!

24 For an in-depth look at this concept, check out *Chemesthesis: Chemical Touch in Food and Eating*, eds. Shane T. McDonald, David A. Bolliet, and John E. Hayes (Hoboken, NJ: Wiley-Blackwell, 2016).

25 Simons, Klein, and Carstens, "Chemogenic Subqualities."

26 Simons, Klein, and Carstens, "Chemogenic Subqualities."

27 E. Carstens, "Overview of Chemesthesis with a Look to the Future," in *Chemesthesis: Chemical Touch in Food and Eating* (Hoboken, NJ: Wiley-Blackwell, 2016).

28 Fernández-Alduenda and Giuliano, *Cupping Handbook*, 49.

29   Carlos Guerreiro, Elsa Brandão, Mónica de Jesus, Leonor Gonçalves, Rosa Pérez- Gregório, Nuno Mateus, Victor de Freitas, and Susana Soares, "New Insights into the Oral Interactions of Different Families of Phenolic Compounds: Deepening the Astringency Mouthfeels," *Food Chemistry* 375 (2022), doi.org/10.1016/j.foodchem.2021.131642.

30   Yue Jiang, Naihua N. Gong, and Hiroaki Matsunami, "Astringency: A More Stringent Definition," *Chemical Senses* 39, no. 6 (2014): 467–469, doi.org/10.1093/chemse/bju021.

31   Mouritsen and Styrbæk, *Mouthfeel*, 21.

32   See sca.coffee/research/protocols-best-practices.

33   "What Is Astringency?" Coffee ad Astra, accessed August 29, 2022, coffeeadastra.com/2019/11/12/what-is-astringency.

34   Fernández-Alduenda and Giuliano, *Cupping Handbook*, 54.

35   "What Is Astringency?"

36   Fernández-Alduenda and Giuliano, *Cupping Handbook*, 53.

37   Alina Surmacka Szczesniak, "Texture Is a Sensory Property," *Food Quality and Preference* 13, no. 4 (2002): 215–225, doi.org/10.1016/S0950-3293(01)00039-8; I have synthesized information from multiple tables from the study into one table, and focused them on the terms I've heard coffee people use.

38   The World Coffee Research *Sensory Lexicon* does include a few entries for mouthfeel, but like I said, it's not exhaustive.

39   Roberto A. Buffo and Claudio Cardelli-Freire, "Coffee Flavour: An Overview," *Flavour and Fragrance Journal* 19, no. 2 (March 2004): 100, doi.org/10.1002/ffj.1325; Fernández-Alduenda and Giuliano, *Cupping Handbook*, 53.

40   Andréa Tarzia, Maria Brígida Dos Santos Scholz, and Carmen Lúcia De Oliveira Petkowicz, "Influence of the Postharvest Processing Method on Polysaccharides and Coffee Beverages," *International Journal of Food Science and Technology* 45, no. 10 (2010): 2167–2175, doi.org/10.1111/j.1365-2621.2010.02388.x; Josef Mott, "Understanding Body in Coffee and How to Roast for It," Perfect Daily Grind, June 17, 2020, perfectdailygrind.com/2020/06/

understanding-body-in-coffee-and-how-to-roast-for-it.

41　Mott, "Understanding Body."

42　Shepherd, *Neurogastronomy*, 5.

43　Shepherd, *Neurogastronomy*, 113–114.

44　Shepherd, *Neurogastronomy*, 123; sensory fusion also comes into play with visual stimuli, such as color. We talk about how coffee can taste "red" or "brown" on page 101. These associations are why the flavor wheel is color-coded the way that it is.

45　Mouritsen and Styrbæk, *Mouthfeel*, 20.

46　Shepherd, *Neurogastronomy*, 122; as of this writing, Dr. Fabiana Carvalho is currently researching cross-modal influence as it relates specifically to coffee.

47　Shepherd, *Neurogastronomy*, 155.

48　Shepherd, *Neurogastronomy*, 159; as a reminder, sight and sound also play a role in flavor—they are just not the focus of this book.

49　Shepherd, *Neurogastronomy*, 157.

50　Shepherd, *Neurogastronomy*, 124.

51　Colleen Walsh, "What the Nose Knows," *Harvard Gazette*, February 27, 2020, news.harvard.edu/gazette/story/2020/02/how-scent-emotion-and-memory-are -intertwined-and-exploited.

52　Yasemin Saplakoglu, "Why Do Smells Trigger Strong Memories?" Live Science, December 8, 2019, www.livescience.com/why-smells-trigger-memories.html; if you are interested in learning more about smell and emotion, check out *The Scent of Desire* by Rachel Herz.

53　In case you didn't know: Hay is grown specifically to be fed to animals, and straw is a by-product of harvests, such as grain harvests, that is bundled up and used primarily for animal bedding (and fall holiday decorations). They both smell similar: dry, musty, earthy.

54　Wenny B. Sunarharum, David J. Williams, and Heather E. Smyth, "Complexity of Coffee Flavor: A Compositional and Sensory Perspective," *Food Research International* 62 (2014): 315–325, doi.org/10.1016/j.foodres.2014.02.030.

55　If you are interested in reviewing lists of chemicals and aroma descriptors, check out chapter 33 of *Coffee: Production, Quality and Chemistry*. It summarizes the results of some research that sought to identify aromatic volatile compounds in green and roasted coffee. See: doi.org/10.1039/9781782622437.

56　Marino Petracco, "Our Everyday Cup of Coffee: The Chemistry Behind Its Magic," *Journal of Chemical Education* 82, no. 8 (2005), doi.org/10.1021/ed082p1161.

57　Chahan Yeretzian, Sebastian Opitz, Samo Smrke, and Marco Wellinger, "Coffee Volatile and Aroma Compounds: From the Green Bean to the Cup," in *Coffee: Production, Quality and Chemistry* (London: The Royal Society of Chemistry, 2019); this source informed the basic facts of this section.

58　Sunarharum, Williams, and Smyth, "Complexity of Coffee Flavor."

59　Gilberto V. de Melo Pereira, Dão P. de Carvalho Neto, Antonio I. Magalhães Júnior, Zulma S. Vásquez, Adriane B. P. Medeiros, Luciana P. S. Vandenberghe, Carlos R. Soccol, "Exploring the Impacts of Postharvest Processing on the Aroma Formation of Coffee Beans: A Review," *Food Chemistry* 272 (2019): 441–452, doi.org/10.1016/j.foodchem.2018.08.061.

60　Pereira et al., "Exploring the Impacts."

61　Thompson Owen, "What Is Dry Processed Coffee?" Sweet Maria's, March 19, 2020, library.sweetmarias.com/what-is-dry-processed-coffee.

62　Angie Katherine Molina Ospina, "Processing 101: What Is Washed Coffee and Why Is It So Popular?" Perfect Daily Grind, December 18, 2018, perfectdailygrind.com/2018/12/processing-101-what-is-washed-coffee-why-is-it-so-popular. The term *clean* is also used by coffee cuppers. In that context, it means "free of defects." Once the coffee gets to us, we hope it's already free of defects!

63　Pereira et al., "Exploring the Impacts."

64　Petracco, "Our Everyday Cup."

65　Petracco, "Our Everyday Cup"; Pereira et al., "Exploring the Impacts."

66　Buffo and Cardelli-Freire, "Coffee Flavour."

67 Petracco, "Our Everyday Cup."

68 Petracco, "Our Everyday Cup."

69 Sunarharum, Williams, and Smyth, "Complexity of Coffee Flavor."

70 This is done through three processes: dissolution, hydrolysis, and diffusion. These are summarized well in "Coffee Brewing: Wetting, Hydrolysis & Extraction Revisited," published by the Specialty Coffee Association. See www.scaa.org/PDF /CoffeeBrewing-WettingHydrolysisExtractionRevisited.pdf.

71 "Coffee Brewing: Wetting, Hydrolysis & Extraction Revisited."

72 Nancy Cordoba, Mario Fernández-Alduenda, Fabian L. Moreno, and Yolanda Ruiz, "Coffee Extraction: A Review of Parameters and Their Influence on the Physicochemical Characteristics and Flavour of Coffee Brews," *Trends in Food Science and Technology*, 96 (2020): 45–60, doi.org/10.1016/j.tifs.2019.12.004.

73 "Coffee Brewing: Wetting, Hydrolysis & Extraction Revisited," 3–4.

74 "Coffee Brewing: Wetting, Hydrolysis & Extraction Revisited," 5.

75 Sunarharum, Williams, and Smyth, "Complexity of Coffee Flavor"; M. Petracco, "Technology IV: Beverage Preparation: Brewing Trends for the New Millennium," in *Coffee: Recent Developments* (Malden, MA: Blackwell Science, 2008).

76 Sunarharum, Williams, and Smyth, "Complexity of Coffee Flavor"; Petracco, "Technology IV."

77 Sunarharum, Williams, and Smyth, "Complexity of Coffee Flavor"; Petracco, "Technology IV."

78 Karolina Sanchez and Edgar Chambers IV, "How Does Product Preparation Affect Sensory Properties? An Example with Coffee," *Journal of Sensory Studies* 30, no. 6 (2015): 499–511, doi.org/10.1111/joss.12184.

79 Yeretzian, Opitz, Smrke, and Wellinger, "Coffee Volatile and Aroma Compounds."

第四章 培养一个咖啡舌头

1 You can download the full lexicon for free at worldcoffeeresearch.

org/resources /sensory-lexicon. For more information about how the lexicon was developed, see Edgar Chambers IV, Karolina Sanchez, Uyen X. T. Phan, Rhonda Miller, Gail V. Civille, and Brizio Di Donfrancesco, "Development of a 'Living' Lexicon for Descriptive Sensory Analysis of Brewed Coffee," *Journal of Sensory Studies* 31, no. 6 (2016): 465–480, doi.org/10.1111/joss.12237.

2   The lexicon is considered a "living document." As such, it will be updated as new attributes are identified and codified, and references may be updated or added as needed. Since its publication in 2016, it has been updated once already, in 2017. The lexicon acknowledges that its references sometimes aren't widely available outside of the United States. To combat this, the new edition includes globally available references made in partnership with a flavor company called FlavorActiV. These may be more accessible to professionals; it's not practical for consumers like us to purchase these kits. I've taken this into consideration when selecting attributes for this book.

3   Mario Roberto Fernández-Alduenda and Peter Giuliano, *Coffee Sensory and Cupping Handbook* (Irvine, CA: Specialty Coffee Association, 2021), 65.

4   Fernández-Alduenda and Giuliano, *Cupping Handbook*, 65.

5   See worldcoffeeresearch.org/resources/sensory-lexicon.

6   Wenny B. Sunarharum, Sudarminto S. Yuwono, and Hasna Nadhiroh, "Effect of Different Post-Harvest Processing on the Sensory Profile of Java Arabica Coffee," *Advances in Food Science, Sustainable Agriculture and Agroindustrial Engineering* 1, no. 1 (2018), doi.org/10.21776/ub.afssaae.2018.001.01.2.

7   Fabiana Carvalho (@thecoffeesensorium), "Artificial fruit-like aromas in coffee, part 1/3," Instagram photo, January 6, 2023, www.instagram.com/p/CnEz5q-OxUd; Fabiana Carvalho (@thecoffeesensorium), "Artificial fruit-like aromas in coffee, part 2/3," Instagram photo, January 10, 2023, www.instagram.com/p/CnPPBdkOQU7.

8   "The Chemistry of Organic Acids: Part 2," Coffee Chemistry, May 6,

2015, www.coffeechemistry.com/the-chemistry-of-organic-acids-part-2.

9   "The Chemistry of Organic Acids in Coffee: Part 3," Coffee Chemistry, last modified August 17, 2017, www.coffeechemistry.com/the-chemistry-of-organic-acids-part-3.

10   "Acetic Acid," Coffee Chemistry, last modified November 10, 2019,www.coffeechemistry.com/acetic-acid; "The Chemistry of Organic Acids in Coffee: Part 3."

11   Togo M. Traore, Norbert L. W. Wilson, and Deacue Fields III, "What Explains Specialty Coffee Quality Scores and Prices: A Case Study from the Cup of Excellence Program," *Journal of Agricultural and Applied Economics* 50, no. 3 (2018): 349–368, doi.org/10.1017/aae.2018.5.

12   Natnicha Bhumiratana, Koushik Adhikari, and Edgar Chambers IV, "Evolution of Sensory Aroma Attributes from Coffee Beans to Brewed Coffee," *Food Science and Technology* 44, no. 10 (2011): 2185–2192, doi.org/10.1016/j.lwt.2011.07.001.

13   Chambers et al., "Development of a 'Living' Lexicon."

14   Bhumiratana, Adhikari, and Chambers, "Evolution of Sensory Aroma Attributes."

15   The lexicon calls for 1/4 cup, but you'll get the idea if you use just 1 teaspoon. That will make the amount for both the chocolate chips and the Lindt chocolate equal and easier to blind taste.

16   Bhumiratana, Adhikari, and Chambers, "Evolution of Sensory Aroma Attributes."

17   See page 20 of the booklet that comes with Le Nez du Café.

18   Tasmin Grant, "What Is Potato Taste Defect & How Can Coffee Producers Stop It?" Perfect Daily Grind, July 28, 2021, perfectdailygrind.com/2021/07/what-is-potato-taste-defect-how-can-coffee-producers-stop-it.

19   Bhumiratana, Adhikari, and Chambers, "Evolution of Sensory Aroma Attributes."

20   W. Grosch, "Flavour of Coffee: A Review," *Molecular Nutrition* 42, no. 6 (1998), 344–350, doi.org/10.1002/(SICI)1521-

3803(199812)42:06<344::AID-FOOD 344>3.0.CO;2-V.

21 Su-Yeon Kim, Jung-A Ko, Bo-Sik Kang, and Hyun-Jin Park, "Prediction of Key Aroma Development in Coffees Roasted to Different Degrees by Colorimetric Sensor Array," *Food Chemistry* 240 (2018): 808–816, doi.org/10.1016/j.foodchem.2017.07.139.

22 Fernández-Alduenda and Giuliano, *Cupping Handbook*, 43.

23 Chambers et al., "Development of a 'Living' Lexicon."

第五章 品尝咖啡的实用技巧

1 See sca.coffee/research/protocols-best-practices.

2 You can download the official cupping form at sca.coffee/research/protocols-best-practices. However, during this writing, the SCA announced it has been reevaluating its cupping protocol and form, since it has been twenty years since they were revisited. The original form was designed to distinguish "specialty grade coffee" from "commercial coffee." The SCA wants the new form to "[respect] diverse consumer preferences while simultaneously strengthening producers' understanding of how to communicate and increase the value of the coffees they produce." It is currently conducting research to determine how both resources should evolve. Read more at sca.coffee/sca-news/25/issue-18/valuing-coffee-evolving-the-scas-cupping-protocol-into-a-coffee-value-assessment-system.

3 Mario Roberto Fernández-Alduenda and Peter Giuliano, *Coffee Sensory and Cupping Handbook* (Irvine, CA: Specialty Coffee Association, 2021), 99.

4 The Coffee Lovers TV YouTube channel has a nice demonstration: youtube.com/watch?v=Dw7TrYPOjHY.

5 Fernández-Alduenda and Giuliano, *Cupping Handbook*, 30.

6 Fernández-Alduenda and Giuliano, *Cupping Handbook*, 111.

7 Fernández-Alduenda and Giuliano, *Cupping Handbook*, 4.

8 Ida Steen, *Sensory Foundation* (Denmark: CoffeeMind Press, 2018), 15.

9 Steen, *Sensory Foundation, 14*.

10 Stumptown does not characterize roast on its bags, and I've been told it describes almost all of its coffees as "medium-ish." But, still, I think these options fit this category. I chose Stumptown coffees for this exercise because of their nationwide availability in many coffee shops and supermarkets, but you can also order coffee online.

11 Fernández-Alduenda and Giuliano, *Cupping Handbook*, 31.

12 Fernández-Alduenda and Giuliano, *Cupping Handbook*, 74.

13 Fernández-Alduenda and Giuliano, *Cupping Handbook*, 75.

14 Fernández-Alduenda and Giuliano, *Cupping Handbook*, 31.

15 Steen, *Sensory Foundation*, 11.

16 Steen, *Sensory Foundation*, 29.

17 See sca.coffee/research/protocols-best-practices.

18 Fabrice Chéruel, Marta Jarlier, and Hélène Sancho Garnier, "Effect of Cigarette Smoke on Gustatory Sensitivity, Evaluation of the Deficit and of the Recovery Time-Course after Smoking Cessation," Tobacco Induced Diseases 15 (2017), doi.org/10.1186/s12971-017-0120-4.